肉羊高效养殖技术问答

主 编
董建平

副主编
来德强 师军锋 张翠梅

编著者
董建平 来德强 师军锋
张翠梅 齐会生 马 斐
张 妍 唐军锋

金盾出版社

内 容 提 要

本书由陕西省畜牧专家编著。内容包括:羊场的选址与建设,肉羊的饲料开发与利用,肉羊品种选择与杂交利用,肉羊的繁殖技术,肉羊的饲养与管理技术,羔羊肉的生产技术,肉羊繁殖疾病预防技术等。该书内容丰富,语言通俗,集科学性、适用性、针对性于一体,适合养羊专业户及基层管理人员阅读,亦可供农业院校相关专业师生参考。

图书在版编目(CIP)数据

肉羊高效养殖技术问答/董建平主编.— 北京:金盾出版社,2016.4(2018.5 重印)
ISBN 978-7-5186-0781-5

Ⅰ.①肉… Ⅱ.①董… Ⅲ.①肉用羊—饲养管理—问题解答 Ⅳ.①S826.9-44

中国版本图书馆 CIP 数据核字(2016)第 018835 号

金盾出版社出版、总发行

北京市太平路 5 号(地铁万寿路站往南)
邮政编码:100036 电话:68214039 83219215
传真:68276683 网址:www.jdcbs.cn
双峰印刷装订有限公司印刷、装订
各地新华书店经销
开本:850×1168 1/32 印张:7.875 字数:180 千字
2018 年 5 月第 1 版第 3 次印刷
印数:8 001～11 000 册 定价:22.00 元

前　言

我国养羊业起源于1万年以前的旧石器时代末期，经过漫长的历史时期，进入隋唐时代养羊数量不仅有了发展，羊的质量也有了很大的提高，形成了许多优良的品种类群，为以后羊品种资源的发展奠定了基础。肉羊养殖近些年已进入发展的快车道。

羊属草食动物，可充分利用植物性饲料及大量的农作物秸秆，饲草饲料来源广，养羊已成为节粮型畜牧业的一部分。国家发改委、财政部、农业部制定了全国牛羊肉生产发展规划（2013—2020），是国家重点扶持的产业，规划对肉羊产业的发展指明了方向，提出了发展的目标及具体保障措施，并制定了扶持政策等。

肉类是人们重要的营养食物来源，羊肉中瘦肉多，脂肪少，胆固醇低，蛋白质含量高，肉质鲜嫩多汁，营养丰富，易被人体消化吸收，是老人、幼儿的滋补佳品，受到广大消费者的喜爱。目前，随着城乡居民饮食结构的改变和生活水平的不断提高，对羊肉的需求越来越大，优质羊肉的供应更加紧缺，使得羊肉及羊产品价格持续攀升，有力推动了肉羊产业的发展。

肉羊养殖技术容易掌握，规模化养殖发展迅速，广大农民群众长期养羊实践中积累的经验丰富。肉羊养殖可促进农民再就业，增加群众收入，带动相关产业的发展，繁荣农村经济，所以肉羊养殖市场潜力巨大，发展前景广阔。为了普及肉羊科学养殖实用技术知识，改变传统落后的养羊方式和方法，提高农民朋友养羊水平，我们结合工作实践，收集、汇总了近几年在肉羊养殖方面的成功经验、先进技术、科研成果等编写了此书。重点介绍了养羊环境建设、饲料开发、品种、杂交、繁殖、饲养管理、肉羔生产、疾病预防等内容，努力做到符合当前肉羊养殖的技术需要和肉羊生产实际。

因编者水平所限，书中难免有缺陷和不妥之处，敬请广大读者提出批评及改进意见。本书在编写过程中得到各级领导和各界同仁的大力支持，在此表示真诚感谢。

编著者

目 录

一、羊场的选址与建设

1. 羊场选址的基本条件是什么?

选择羊场场址时,应根据其经营方式(定单销售或自产自销)、生产特点(单一育肥或繁殖+育肥)、饲养管理方式(放牧或舍饲或放牧+舍饲)、生产集约化程度及卫生防疫条件,并对所选场址的地势、地形、土质、水源、交通、电力、通信、物资供应条件等综合因素进行全面考虑。总之,合理而科学地选择场址,对羊场的建设投资、投产后的生产性能发挥、生产成本及经济效益、周围环境等有着深远的影响,是羊场安全高效生产的前提条件。

(1)地形、地势条件 羊场一般选择地势高燥、平坦或北高南低有缓坡,坡度在25°以下,背风向阳,坐北朝南,排水通风良好,地形整齐开阔,偏东南12°～23°,场区地势至少高出当地历史洪水的水位线以上。羊场应避开西北方向的山口和长形谷地,以保持场区小气候气温能够相对恒定,减少冬、春寒风的侵袭,避免在山窝、低洼涝地、山洪水道、冬季风口处建羊场。

(2)地质条件 土质选择透水性强、吸湿性和导热性小、抗压性强的沙壤土。场地不要过于狭长或边角太多,场地狭长往往影响建筑物合理布局,拉长了生产作业线,同时也使场区的卫生防疫和生产联系不便。羊场的场地应充分利用地形地物作为天然屏障,以有利于对环境的防护及减少对周围污染。在实际生产中,由于客观条件的限制,选择理想的场址比较困难,这就需要在羊舍的设计、建筑物布局、施工、使用和日常管理等方面设法弥补。

(3)场地面积条件 羊场面积大小要综合考虑羊场生产方向、经营规模、未来发展规划及羊场总体情况。生活管理区占总规划面积的7%左右，最多不超1公顷。养殖区建筑总面积可按每只繁殖母羊30～50米^{2}进行估算，育肥羊场可按每只育肥羊3～5米^{2}进行估算。

(4)供水条件 羊场选址，必须保障有充足稳定的水源，取用方便，水质良好，符合《无公害食品 畜禽饮用水水质》(NY 5027—2008)的要求，供水量要考虑羊只直接饮水量、间接耗水量、冲洗用水、夏季降温和生活用水等，全场用水量以夏季最大日耗量计算，并应考虑防火和未来发展的需要。羊只饮水水质要求pH值在6.5～7.5之间，大肠杆菌每升在10个以下，细菌总数每升在100个以下，要保证水源水质经常处于良好状态，不受周围条件的污染。

(5)供电条件 选择场址时，还应重视供电条件，特别是集约化程度较高的羊场，必须有可靠的电力供应。在建场前要了解供电源的位置与羊场的距离，最大供电允许量，供电是否有保证，如果需要可自备发电机，以保证场内供电的稳定可靠。

(6)与社会联系的条件 社会联系是指羊场与周围社会的关系，羊场场址的选择，必须遵循社会公共卫生准则，使羊场不致成为周围社会的污染源，也不受周围环境所污染。一般羊场的位置应选在居民点的下风向处，地势低于居民点，但要离开居民点的污水排水口，更不应在化工厂、屠宰场、制革厂等容易造成环境污染企业的下风向处和附近。羊场与居民点之间的距离应保持在300米及以上，与其他养殖场应保持500米以上，距离屠宰场、制革厂、化工厂和兽医院等污染严重的地点越远越好，最好在2 000米以上。做到羊场与周围环境互不污染。如有困难，应以加高围墙、植树建绿化带、挖隔离沟等防护设施加以弥补和解决。

(7)交通条件 羊场要求交通便利，特别是大型集约化商品羊场，其物资需求和产品供销量大，对外联系密切，故应保证交通方便。但为了防疫卫生，羊场与主要公路的距离至少要在100～300米及以上，若是舍饲育肥羊场隔离条件好可缩小到50米，若是放牧饲养应考虑与牧场的距离。

(8)饲草饲料供给条件 建羊场时，必须考虑饲草、饲料的供给，要求按养殖规模，有一定面积作保障的饲草、饲料基地，种养有机结合，循环利用。

(9)投资能力条件 建设规模羊场，必须进行资金概算，考虑投资能力是否能够承受投入成本、保证正常运行所需流动资金。

2. 羊场怎样进行总体布局最科学合理？

羊场的总体布局，应结合羊场近期和远景规划，场区内地势、地形、水源、交通、风向等自然条件，符合有利生产、方便生活、土地利用经济，建筑物间联系方便，布局整齐紧凑，人流、物流自成系统，尽量缩短供应距离，并根据所选择的经营模式、养殖方式、饲养工艺、设施设备及资金实力、经营者管理水平等综合考虑。

羊场四周用围墙与外界隔离，前、后进出口设置大门。场内总体布局，按功能划分为3个功能区，即生活管理区、养殖区、粪污处理区，按夏季主导风向由上向下依次为生活管理区、养殖区、粪污处理区顺序排列布局，各功能区之间保持50米以上的距离。羊场三大功能区依地势风向布局见图1-1。

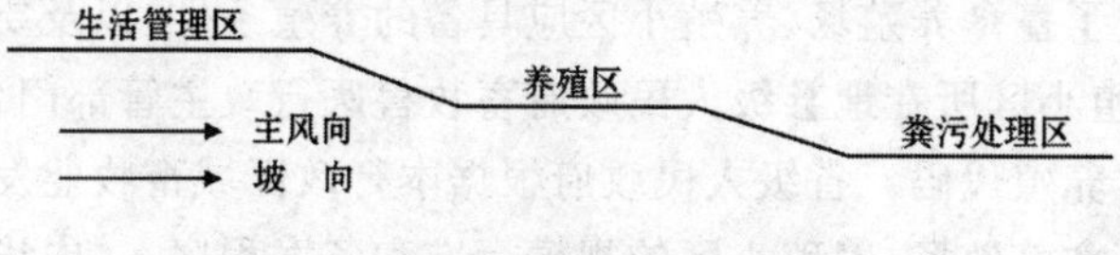

图1-1 羊场各区依地势风向布局示意图

肉羊的生产过程包括种羊的饲养管理与繁殖、羔羊培育、育成羊的饲养管理与育肥、饲草饲料的运送与贮存、疾病防治等，这些过程均在不同的建筑物中进行，彼此间发生功能联系。建筑布局必须将彼此间的功能联系统筹安排，尽量做到配置紧凑、占地少，又能达到动物卫生、防火安全的要求，保证最短的运输、供电、供水线路，便于组成流水作业线，实现生产过程有序生产，还应当全面考虑粪便和污水的处理和利用。

羊场在总体布局时可因地制宜，合理利用地形、地势。比如，利用地形地势解决挡风防寒、通风防热、采光等。根据地势的高低、水流方向和主导风向，按人、羊、污的顺序，将各种房舍和建筑设施按其环境卫生条件的需要给予排列；并考虑人的工作环境和生活区的环境保护，使其尽量不受饲料粉尘、粪便气味和其他废弃物的污染。有效地利用原有道路、供水、供电线路以及原有建筑物等，以创造最有利的肉羊生产环境、卫生防疫条件和生产联系，并为实现生产过程标准化、规模化、机械化创造条件，以最少的投资、最低的成本、获取最大的经济效益。建羊场还应充分考虑今后的发展，在规划时要留有余地，对生产区的规划更应注意。羊场总体布局见图1-2。

3. 肉羊养殖场应具备的原则是什么？

(1)符合动物卫生法规 《中华人民共和国畜牧法》第三十九条规定了畜禽养殖场、养殖小区应具备的养殖条件，以及要向养殖场、养殖小区所在地县级人民政府畜牧兽医行政主管部门备案，取得畜禽养殖代码。省级人民政府根据本行政区域畜牧业发展状况制定畜禽养殖场、养殖小区的规模标准和备案程序。《中华人民共和国动物防疫法》第十九条规定了动物饲养场和隔离场所，动物屠宰加工场所，以及动物和动物产品无害化处理场所，应当符合的动

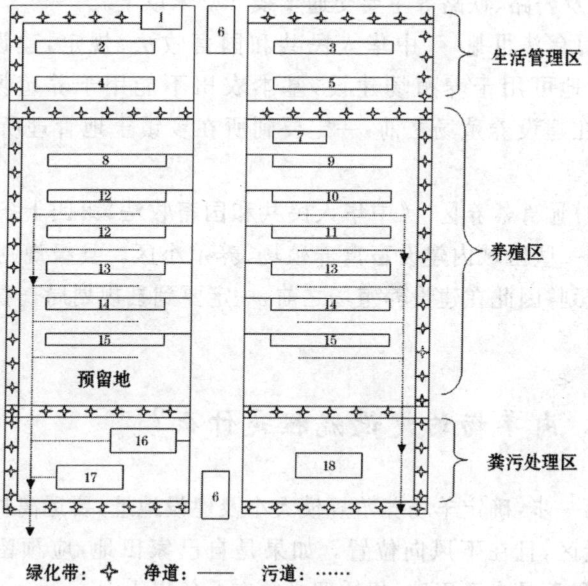

图 1-2 羊场总体布局示意图

1. 门房 2. 办公室 3. 宿舍 4. 会议室 5. 厨房餐厅 6. 消毒池 7. 更衣消毒室 8. 饲料加工间及库房 9. 饲草加工间及库房 10. 种公羊舍 11. 待配母羊舍 12. 妊娠母羊舍 13. 分娩产羔母羊舍 14. 断奶育成羊舍 15. 育肥羊舍 16. 兽医室 17. 粪污处理发酵池 18. 病羊隔离舍

物防疫条件。第二十条规定：养殖场经申请，通过县级以上地方人民政府兽医主管部门审核合格后，发给动物防疫条件合格证，申请人凭动物防疫条件合格证向工商行政管理部门申请办理登记注册手续。《动物防疫条件审查办法》第五条规定，动物饲养场、养殖小区选址应距离生活饮用水源地、动物屠宰加工场所、动物和动物产品集贸市场 500 米以上；距离种畜禽场 1 000 米以上；动物饲养场（养殖小区）之间距离不得少于 500 米；距离动物隔离场所、无害化处理场所 3 000 米以上；距离城镇居民区、文化教育科研等人口集中区域及公路、铁路等主要交通干线500米以上。

(2)合法用地 《中华人民共和国畜牧法》规定，建设用地、一般用地可用于养殖场建设，基本农田不能用于养殖场建设。因此，在建设养殖场之前，一定要到所在乡镇土地管理所查清土地性质。

(3)远离禁养区 《中华人民共和国畜牧法》第四十条规定了禁止在一些区域内建设畜禽养殖场、养殖小区。县级规划局有法定的规划，因此在建设养殖场之前，一定要到县规划局查看县域整体规划。

4. 肉羊场的建设流程是什么？

第一步，确定羊场养殖规模大小及建设地址，要远离村、镇、居民生活区，且在下风向位置。如果是自己家田地，应预留扩建用地，如果不是自己田地，租赁期必须在5年以上。

第二步，到县级规划部门提出建场申请，搞清楚计划建设的羊场是否在禁养区，是否符合县域整体规划。

第三步，到县级兽医管理机构提出建场申请，请专业技术人员对所选场址进行现场查看，场址是否符合动物卫生的相关法律规定。

第四步，到本地土地管理部门申请办理土地使用相关手续，不要在没有土地管理部门批准的情况下建设，现在国家对基本农田管理非常严格，土地红线任何人都不能撞，如果没有允许建设，有可能被视为非法占地，有强制拆除的可能性，很多养羊场，受过这样的教训，这点非常重要。

第五步，得到了县级计划、兽医、土地管理部门的批准后，筹备并实施羊场建设。

第六步，制定羊场建设及发展规划，对养殖规模及所需资金做到心中有数，目的明确后再进行建设。羊场建成后，再到本地兽医管理机构办理动物防疫条件合格证，合格证件中尽可能包含范围：肉羊养殖、繁育、运输、销售等。

第七步，动物防疫条件合格证审批下来以后，再去本地的工商局办理营业执照，目前以合作社名义办理营业执照较好，可享受国家相关优惠政策。

第八步，分期分批引进种羊，进行繁殖、育肥等，同时办理税务登记证，银行开户许可证，使羊场运行更加规范。

5. 肉羊舍设计的原则是什么？

羊舍建设设计应满足羊的生长发育需要，能够适应羊的生活及行为习性特点，适应不同生产羊群的特定要求，力求做到科学、先进、合理、经济、适用。羊舍设计应符合以下原则。

(1)符合羊的生物学特性 各种用途的羊舍要经常保持干燥，空气清新，光照充足，冬季保暖，夏季防暑，符合羊的生物学特性和行为性要求，尽量满足羊对各种环境卫生条件的要求，包括温度、湿度、空气质量、光照、地面硬度及导热性等。羊舍的设计应兼顾既有利于夏季防暑，又有利于冬季防寒；既有利于保持地面干燥，又有利于保证地面柔软和保暖。

(2)适应当地的气候及地理条件 各地的自然气候条件不同，对羊舍的建筑要求也各有差异。比如，南方气温较高、湿度较大，设计时应把防暑降温作为重点；冬季寒冷的北方，应将保温作为重点。

(3)便于科学饲养管理 设计羊舍时应充分考虑养羊生产工艺流程，符合不同羊群的特定要求，便于机械设施使用，便于日常操作，有利减轻管理强度和提高管理效率。也就是说，要能保障生产的顺利进行和养殖技术措施的顺利实施。设计时应当考虑的内容,包括羊群的组织、调整和周转,草料的运输、分发,给饲、饮水的供应及其卫生的保持,粪便的清理,以及称重、防疫、试情、配种、羔羊接生、分娩母羊和新生羔羊的护理等卫生防疫需要,要有利于预防疾病的发生与传播。通过对羊舍科学的设计和建设,为羊只创造舒适的生产及生活环境,这本身也就为防止和减少疾病的发生提供了重要的保障。

(4)做到经济适用 羊舍设计要求结实牢固、安全、卫生、适用,造价低廉,也就是说,羊舍及其内部的一切设施都必须本着舒适耐用的原则修筑和建造,特别是像圈栏、隔栏、圈门、饲槽等,一定要修得牢固;不仅如此,在建羊舍的过程中还应尽量做到就地取材,其内部的一切设施最好能一步到位,以便减少以后维修的麻烦。选择最佳生产工艺、饲养模式,广泛采用新材料、新工艺、新技术、新设备,最大限度地降低建筑成本、生产经营成本等。

6. 肉羊场建设的要求是什么?

(1)建设地点要符合场址选择的相关要求 羊场场址应背风向阳,电、路、水、通信等设施到位,与居民点、主干公路保持500米以上距离,在羊场内,羊舍要建在办公、宿舍的下风向位置,而兽医室、贮粪场要在羊舍的下风向位置,北方在羊舍的南面要有足够的运动场。

(2)地势应较高,排水通风应良好 羊舍要接近放牧地和水源,羊舍地面应高出舍外地面20～30厘米,铺成缓坡形,以利排水,羊舍地面以三合土、砖或石块铺设,要坚固耐用,饲料间地面为水泥地面或木板地面。

(3)有足够的面积 羊舍面积过小,羊过于拥挤,会导致舍内潮湿,空气污浊,有碍羊的健康,给饲养管理也带来不便;面积过大,不但造成浪费,也不利于冬季保温。以不同羊群所需圈舍及运动场面积进行建设，使羊在舍内不感到拥挤，可以自由活动为目的（表 1-1）。

表 1-1 各类羊只所需的圈舍面积 （单位：米²/只）

项目		种公羊	种母羊		育成羊		哺乳母羊
			空怀	妊娠	断奶后	1周	
绵羊	舍内	3～5	1.5～2	2.5～3	1～1.5	1.5～2	2.5～3
	运动场	8～10	4～5	5～6	3～4	4～5	5～6
山羊	舍内	3～5	1～1.5	2～2.5	0.8～1	1～1.5	2～2.5
	运动场	8～10	3～4	4～5	2～3	3～4	4～5

(4)建筑材料要就地取材，经济耐用 羊舍可采用石头、土坯、砖瓦、木头以及树枝、芦苇等作为建筑材料，有条件的可用砖、石、水泥、木材修筑，这样的羊舍坚固耐用，可大大减少维修费用。

(5)羊舍的高度要根据羊舍类型和容纳羊群数量而定 羊只多需要较高的羊舍高度，以扩大空间，使舍内空气新鲜，单坡式羊舍用于单列式羊栏，一般跨度 6～8 米，前檐高 2.2～2.5 米，后檐高 1.7～2.2 米，屋顶斜面呈 25°～30°，适于中小型羊场。双坡式羊舍用于双列式羊栏，一般跨度 8～12 米，前后檐高 2～2.5 米，屋脊高 2.5～3.5 米，屋顶斜面呈 25°～30°，适于大中型羊场。单列式和双列式都可 3 间长 10～12 米为一个单独羊舍，羊舍多少根据规模确定，以 3 个羊舍为 1 栋较合理，每个羊舍外相对应处设运动场。北方冬季寒冷多采用单列式羊舍，南方温暖、潮湿多采用单列式羊舍，屋顶可适当加高，以利于通风。

(6)门、窗大小及位置应适合 羊舍门宽 1.1～1.5 米，高 1.8～2 米，可建成双开门。门若太窄，妊娠羊因拥挤易造成流产，羊舍内应有足够的光线，并保持舍内卫生。窗户的面积一般占羊舍内地面面积的 1/12，窗下框离地面 1.3～1.5 米，宽 1～1.2 米，高

0.8～1.2 米，后窗面积不宜过大，离地面的距离比前窗要高，呈竖长方形，便于冬季封闭。

(7)羊栏 舍内羊栏高度 1.2～1.4 米，舍外运动场羊栏高度 1.3～1.5 米。

(8)地面 羊舍地面是羊生活和生产的地方，保暖与卫生状况非常重要。以三合土地面最常用，也可建地砖地面、水泥地面及漏缝地板等。

7. 肉羊场生活管理区怎样进行布局？

生活管理区是羊场管理和对外业务的窗口，与社会联系频繁，造成疫病传播的机会大，因此要以围墙分隔，单独设立，严格管理，按时消毒等。生活管理区包括行政管理办公室、生产调度室、对外宣传接待室、总监控室、参观通道、职工文化娱乐室、技术培训室、资料档案室、职工宿舍、食堂等。生活管理区设在整个场区的上风向处，在入口设置大门和消毒通道。见示意图 1-2。

8. 肉羊场养殖区怎样进行布局？

养殖区是羊场的核心，包括各类羊舍、饲料加工调制车间、干草棚、青贮窖、人工授精室、消毒室、兽医室、药浴池等。各类羊舍按生产流程、方便饲养管理、方便商品羊出售，依次由上风向向下风向，按种公羊舍、待配母羊舍、妊娠母羊舍、分娩产羔母羊舍、断奶育成羊舍、育肥羊舍、出羊区、药浴池、兽医治疗室顺序排列。养殖区应设有独立的围墙，入口设置车辆消毒池和人员消毒更衣通道。在生活管理区和养殖区间，设饲草饲料加工贮存区，配置饲草棚、青贮窖、饲料库、饲料加工车间等。见示意图 1-2。

9. 肉羊场粪污处理区怎样进行布局?

粪污处理区位于羊场的最下风向，主要包括隔离舍、粪污无害化处理场等。羊粪一般采取堆沤腐熟发酵、加工有机肥等方式处理，羊粪堆沤池要求有防雨、防渗漏、防溢流设施。病死羊要焚烧、掩埋，不可随意丢弃。

10. 肉羊舍设计的基本参数有哪些?

(1)羊舍及运动场面积 羊舍面积可按独栏种公羊4～8米^2/只，空怀母羊1.5～2米^2/只，哺乳母羊2～4米^2/只，1岁育成羊0.8～1.5米^2/只，断奶羔羊0.5～1米^2/只的参数计算。产羔舍面积可按基础母羊舍面积的20%～50%计算，运动场面积一般为羊舍面积的2～5倍。总面积根据饲养规模、绵羊或山羊、品种和饲养方式确定。

(2)温度和湿度 冬季一般羊舍温度应在0℃以上，产羔舍温度应在8℃以上，夏季羊舍温度不应超过30℃。空气相对湿度控制在50%～70%。

(3)通风换气参数 冬季成年绵羊0.6～0.7米^3/分钟·只，肥育羔羊0.3米^3/分钟·只；夏季成年绵羊1.1～1.4米^3/分钟·只，肥育羔羊0.65米^3/分钟·只。采用管道通风，舍内排气管横断面积按50～60厘米^2/只计算，进气管面积占排气管面积的70%。

(4)采光参数 要求光线充足，羊舍窗户与舍内地面面积之比为1∶10～15，成年羊舍窗户面积较大些，羔羊舍、产羔室窗户面积较小一些。

(5)羊舍建筑参数 按我国通用建筑模数《建筑模数协调统一

标准》(GB 50002)设计羊舍开间和跨度尺寸，可使用标准构件，便于施工，节约材料。一般砖混结构开间控制在 3～4 米，跨度 9～15 米，舍内净高 2.4～2.8 米，纵向长度根据生产工艺、总平面布置要求，按开间整数倍确定，一般控制在 30～40 米。

(6)墙体 羊舍墙体厚度 24 厘米为宜，要求保温好、易消毒、造价低、坚固耐用，北方寒冷地区可适当加厚，建筑材料可用土坯、实心砖、空心砖、石块、石板、木料等。

11. 肉羊舍墙面建设的基本要求是什么?

羊舍墙面应做到坚固耐用、厚度适宜、无裂缝、保温防潮、耐水、抗冻、抗震、防火、易清扫消毒等。在建筑形式上采用砖混结构，宜用空心砖、多孔砖等，其保温性好、容重低，为了防止吸潮，可用 1∶1 或 1∶2 的水泥勾缝和抹灰。墙壁厚度可根据气候特点及承重情况采用以一二墙(半砖墙)，一八墙(3/4 砖厚)，二四墙(一砖厚)，或三七墙(一砖半厚)等。经济条件好的可采用金属铝板、胶合板、玻璃纤维材料建成保温隔热墙，效果很好。

12. 肉羊舍隔栏(隔墙)建设的基本要求?

羊栏一般用砖砌成，外抹水泥压光，取材方便，造价低，也可用木料、钢筋、钢管加工，通风透光好。羊舍隔栏一般是固定的，但也可设活动隔栏，便于调整羊舍面积。羊栏高度：公羊 1.3～1.5 米，成年母羊 1.2～1.3 米；羔羊 1～1.3 米，羊栏各部位应光滑，避免刮伤羊体；羊栏门一般宽 1～1.3 米，高度与隔栏高度相同；隔栏通运动场的门宽 1.2～1.5 米，高 1.8～2 米，哺乳母羊隔栏通羔羊补饲间的门洞高 40 厘米，宽 30 厘米；羊栏所有的门均为内外双开。运动场羊栏高度 1.3～1.5 米，用砖块、木料、钢筋加工均可。

13. 肉羊舍地面建设的基本要求是什么？

地面通常称为羊床，是羊躺卧休息、排泄和生产的地方，地面的保暖和卫生状况直接关系到羊生产性能的发挥。

(1)泥土地面 造价低，易于取表土换新土，导热性小，保温性能好；但不坚固，易渗水，常形成坑穴，易积留粪、尿，不便打扫、清洗和消毒，干燥地面可采用，饲养密度不能太大。

(2)砖砌地面 应用较普遍，因砖多孔隙，导热性小，具有一定的保温性，在铺砌合理的情况下，可以做到不透水，坚固耐用，便于清扫和消毒。施工时需在夯实的地面上先铺4～6厘米厚的粗沙或炉渣，压实平整后再铺砖，砖缝用干沙填充，再用水泥抹缝。

(3)三合土地面 三合土地面是用碎石、黄黏土、石灰按2∶6∶2的比例混合均匀，整平夯实而成，其特点是就地取材，成本低，较为干燥，便于清扫，但不能持久耐用。

(4)水泥地面 优点是硬度大，便于清扫和消毒。缺点是保暖性能较差、不理想。砖地面、木质地面、漏缝地面保暖性好，能给羊提供干燥舒适的休息、生活、生产环境，也便于清扫与消毒；但相对成本较高，适合于冬季寒冷、昼夜温差较大的地区。

(5)漏缝式地面 一般分为全漏缝式地面和局部漏缝式地面。全漏缝式地面是指整个地面均铺设漏缝式地板，羊的粪尿从缝隙中直接落到下面的粪尿沟内，再由安装在粪尿沟内的机械刮粪板排出舍外。局部漏缝式地面是指羊栏内部分铺设漏缝地板，而羊的采食区则用砖砌地面或水泥地面。

漏缝地板用木质、混凝土、金属或硬橡胶等制成，断面为梯形，上宽5厘米，下宽7.5厘米，因羊的不同生长阶段缝隙大小为1.5～3厘米，要求坚固耐用、耐腐蚀，导热性小，便于漏出粪尿，便于清洗消毒。

14. 不同阶段羊各自的占地面积是多少？

建筑羊舍时可参考以下标准：群养种公羊每只占用面积不少于1.5～2.0米²，独栏种公羊4～8米²，空怀母羊1.5～2米²，妊娠或哺乳母羊2～4米²，1岁育成羊0.8～1.5米²，断奶羔羊0.5～1米²。羊舍外设运动场与羊舍相连，运动场的面积一般为羊舍面积的2～5倍，地面向南呈斜坡，便于排水，保持场内干燥，周围用砖或其他材料砌成围墙，高1.3～1.5米。

15. 肉羊舍门、窗大小的基本要求是什么？

一般采用舍内饲喂，饲喂通道一端一个门，每个羊圈靠运动场的纵墙设一个门，方便羊出入，门要向外开启。门的数量尽量少些，并设在向阳背风一侧。一般门宽1.5～2米、高1.8～2米。在冬季寒冷地区应设门斗以防冷空气侵入，缓和舍内热量外流。门斗深度应不小于2米，宽度应比门大出1～1.2米。窗户的数量视采光需要和通风情况而定，一般朝南窗户大些，朝北窗户小些，且南北窗户不对开，避免穿堂风。窗户的底边高度要高于羊背20～30厘米，窗台距地面高1.3～1.5米。一般窗宽1～1.2米、高0.7～0.9米。屋顶设窗户，更有利于采光和通风，但散热多，羊舍保温困难，必须统筹兼顾。

16. 肉羊舍屋顶的形式和建设基本要求是什么？

屋顶兼有防水、保温、隔热、承重等多种功能，正确处理各方面的关系对于保证羊舍环境的控制极为重要。其建筑材料有陶瓦、石棉瓦、彩钢板、木板、塑料薄膜、油毡等。羊舍屋顶建设形式种类繁多，在实际生产中采用双坡式屋顶较多，但也可以根据羊场的实际情况和当地的气候条件采用单坡式屋顶、平顶式屋顶、联合式屋顶、钟楼式屋顶、拱门式屋顶等。单坡式屋顶羊舍，跨度小，自然采光好，适用于简易羊舍或小规模羊场；双坡式屋顶羊舍，跨度大，保温能力强，但自然采光、通风较差，适于寒冷地区，也是最常见的一种羊舍屋顶建设形式。在冬季寒冷地区还可选用平顶式屋顶羊舍、联合式屋顶羊舍等类型，在炎热地区可选用钟楼式屋顶羊舍（图 1-3）。

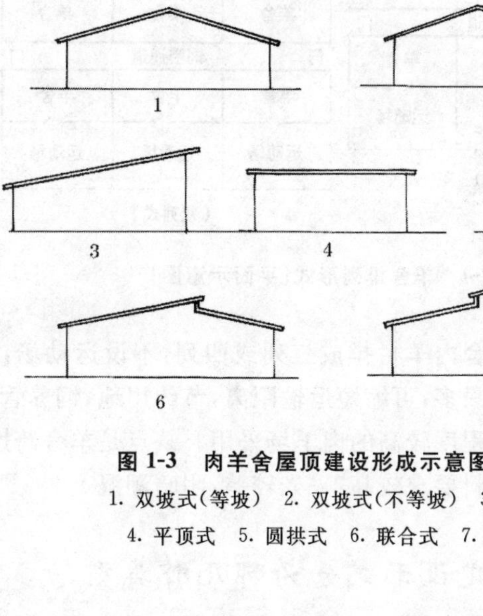

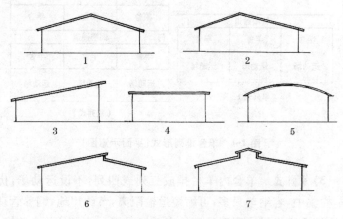

图 1-3　肉羊舍屋顶建设形成示意图（侧面）

1. 双坡式（等坡）　2. 双坡式（不等坡）　3. 单坡式
4. 平顶式　5. 圆拱式　6. 联合式　7. 钟楼式

17. 羊舍排列形式和基本要求是什么？

(1)单列式　羊栏在舍内靠南边一侧，靠北边一侧为饲喂通道，舍外南边设运动场，优点是舍内光线充足，温暖干燥，房舍结构简单，跨度小，建筑材料要求低，省工、省料、造价低，但建筑面积利用率比双列式和多列式都低，见图 1-4，彩图 1-1。

(2) 双列式 羊舍内羊栏排列成两侧，在两侧之间设一条饲喂通道，羊舍外南、北各设运动场。优点是建筑面积利用率高，管理方便，保温性也好。缺点是采光性较差，靠北边的一列北方冬季不利于保温，建筑结构较复杂，对建筑材料要求也较高，见图 1-4，彩图 1-2。

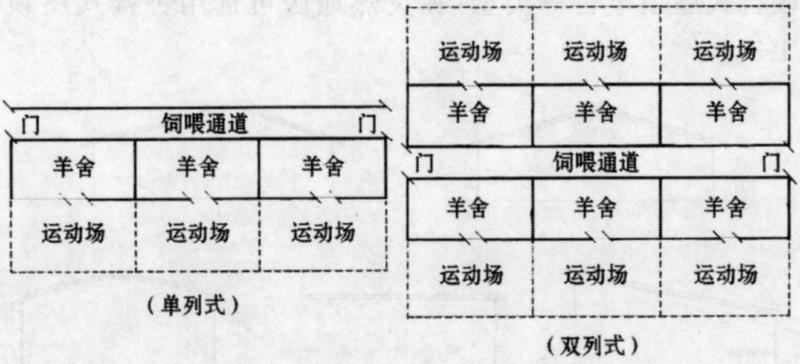

图 1-4 羊舍排列形式（平面示意图）

(3) 多列式 羊舍内羊栏排成三列或四列，不设运动场，优点是羊栏集中，容纳羊只多，可缩短运输距离，节约用地，饲养管理方便，比较适宜机械化程度较高的肉羊场采用。缺点是羊舍跨度大，结构复杂，对建筑材料要求较高，采光较差，阴暗潮湿。

18. 肉羊舍建设形式分为哪几种类型？

由于各地自然环境、地理条件的差异和饲养方式的不用，羊舍的建筑形式很多。一般按饲槽排列可分为单列式羊舍、双列式羊舍和多列式羊舍；按屋顶形式可分为单坡式羊舍、双坡式羊舍、平顶式羊舍、钟楼式羊舍、圆拱式羊舍等；按通风情况及根据羊舍结构与墙壁封闭的严格程度，按饲槽排列羊舍可划分为开放单列式羊舍、开放双列式羊舍，半开放单列式羊舍、半开放双列式羊舍，全封闭单列式羊舍、全封闭双列式羊舍；按圈底可分为垫圈式羊舍、清圈式羊舍和漏缝地板式羊舍；还有塑料暖棚式羊舍及窑洞式羊舍等类型。

19. 全封闭单列式羊舍建设的基本要求是什么？

全封闭单列式羊舍主要见于生产水平较高的规模羊场，这种羊舍为四面有墙体围护，前后有窗，屋顶为单坡式、双坡式、平顶式、圆拱式等，并装有通气孔，前、后窗的基部设进气孔，建筑材料可用陶瓦、石棉瓦、彩钢板、木板、塑料薄膜、油毡等。羊床和饲槽都是沿羊舍长轴东西方向布置，饲喂通道在北边，饲槽后面为羊床，羊床后面为粪尿沟和清粪道。在两侧山墙的靠北边(正对饲喂通道)留门，在羊舍南面设运动场，建围栏与羊舍相连，围栏高度为1.3～1.5米。羊舍东西纵长20～50米，南北跨度为6～8米，开间3～4米，檐口高度2.5～3米，屋脊高3～4米，两头留门，门口宽1.2～1.3米、高2米；每3间为一个羊圈，在南沿墙中间留门宽1.2米、高2米，羊从此门进入运动场，在门的两边留窗户，高0.8～1米、宽1～1.5米，依南沿墙建一个宽10～12米的运动场，在运动场南墙与羊舍南沿墙门相对应的位置留门宽1.2米、高1.5米，羊放牧从此门出入，运动场内可设水槽和草架，北沿墙每间留长、宽各0.8～1米的窗户；羊舍内北面留1.2米的人行饲喂道，南面建羊床，要求有一定的结实度、耐腐蚀。

羊舍墙壁采用砖混结构，宜用空心砖、多孔砖等，其保温性好，容重低，防潮。羊舍地面可建成水泥土地面、砖砌地面、三合土地面等。羊舍围栏可用木料、钢筋、钢管加工，要求通风透光好、结实、耐腐蚀，绝不能用砖垒，影响通风。靠饲喂道设有水槽、饲槽、小门。见图1-5。

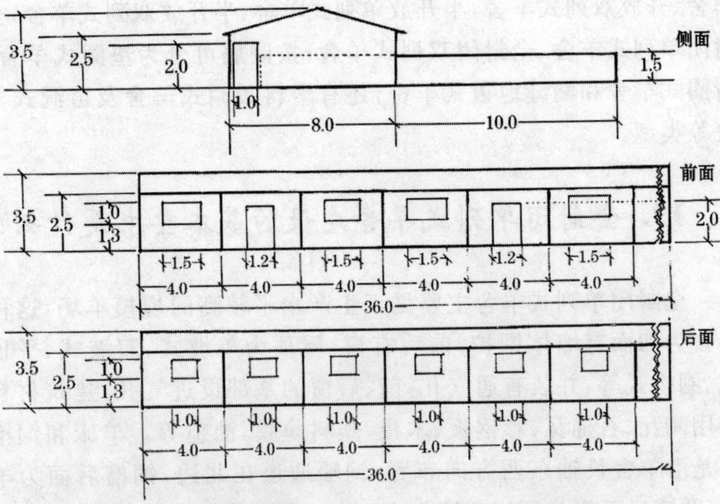

图 1-5　全封闭单列式羊舍建设示意图　（单位:米）

20. 全封闭双列式羊舍建设的基本要求是什么？

全封闭型对头双列式羊舍，四面有墙体围护，前后有窗，屋顶为单坡式、双坡式、平顶式、圆拱式等，并装有通气孔，前、后窗的基部设进气孔。羊床和饲槽都是沿羊舍长轴东西方向布置，中央为饲喂通道，通道两侧均为饲槽，饲槽后面为羊床，羊床后面为粪尿沟和清粪道。在羊舍南北两边各设宽 10～12 米的运动场，建围栏与羊舍相连，围栏高度为 1.3～1.5 米。在运动场南北墙与羊舍南北沿墙门相对应的位置留一个 1.2 米宽、1.5 米高的门，羊放牧从此门出入。羊舍东西纵长 20～50 米，南北跨度为 6～8 米，开间 3～4 米，檐口高度 2.5～3 米，屋脊高 3～4 米。在两侧山墙的中间留一个 1.2 米宽、2 米高的门，中间留 1.2 米的人行道，南沿墙 1.5 米高处每间留窗，高 1～1.5 米、宽 1～1.5 米，北沿墙每间留长、宽各1米的窗，在南北沿墙每3间留一个1.2米宽、2米高的门，羊从此门进入运动场。运动场内可设水槽和饲槽，羊床双列，建设同单列式，运动场用钢管或者小水泥板（柱）做，通风性高，观察羊方便。羊舍地面可建成水泥地面、砖砌地面、三合土地面等。其他方面基本与全封闭单列式羊舍建设要求相同。见图1-6。

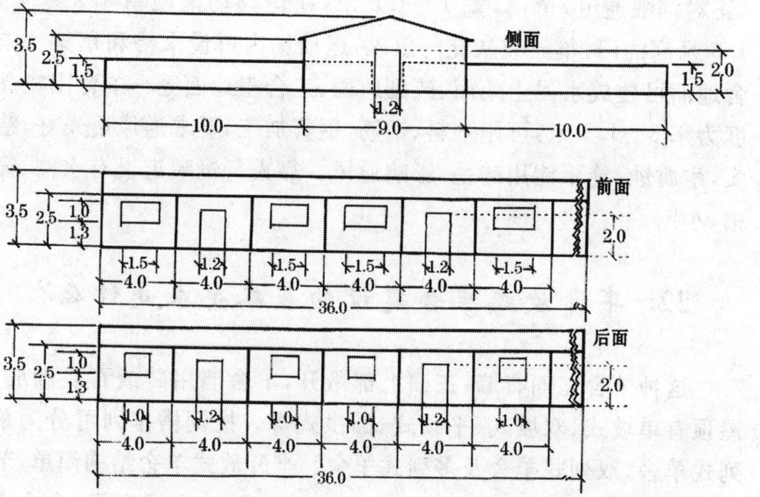

图1-6 全封闭双列式羊舍建设示意图 （单位：米）

21. 开放式羊舍建设的基本要求是什么？

开放式羊舍是四面无墙，下部仅有2米左右的半堵墙。屋顶有单坡式、双坡式、平顶式、圆拱式等。按饲槽排列可分为单列式羊舍、双列式羊舍及多列式羊舍。开放式羊舍结构简单，节省材料，造价低廉，经济实用，而且空气流通好，光线充足，舍内干燥，夏季凉爽。其缺点是冬季比较寒冷，羊只冬季在舍内产羔，如不注意保暖和护理，往往容易引起羔羊冻死。开放式羊舍适合于温暖潮湿地区，圈舍大小可根据羊群规模决定，运动场直接与羊舍相连。

羊床和饲槽都是沿羊舍长轴东西纵方向布置，长 20～50 米，南北跨度为 6～8 米，开间 3～4 米，檐口高度 2.5～3 米，屋脊高 3～4 米，在羊舍南边建宽 10～12 米的运动场，使羊舍和运动场相连通，羊舍内北面留 1.2 米的人行饲喂道，在两侧山墙的靠北边（正对饲喂通道）留门，宽 1～1.2 米，在运动场南墙留 1.2 米宽、1.5 米高的门，羊放牧从此门出入，运动场内可设水槽和草架。羊舍地面可建成水泥土地面、砖砌地面、三合土地面等。羊舍围栏高度为 1.3～1.5 米，可用木料、钢筋、钢管加工，要求通风透光好、结实、耐腐蚀，绝不能用砖垒，影响通风。靠人行饲喂道设有水槽、饲槽、小门。

22. 半开放式羊舍建设的基本要求是什么？

这种羊舍三面有墙，正面上部敞开，羊舍墙用砖或石块砌成，屋顶有单坡式、双坡式、平顶式、圆拱式等。按饲槽排列可分为单列式羊舍、双列式羊舍及多列式羊舍。半开放式羊舍结构简单，节省材料，造价低廉，经济实用，而且空气流通好，光线充足，舍内干燥，夏季凉爽。其缺点冬季比较寒冷。圈舍大小可根据羊群规模决定，运动场直接与羊舍相连。半开放式羊舍分为：半开放单列式、半开放双列式、半开放多列式等。半开放式羊舍地面、围栏、运动场、饲槽、水槽、草架等的建造与布设同开放式羊舍建造与布设基本相同。

23. 高床式羊舍建设的基本要求是什么？

高床式羊舍适用于湿度较大、气温较高的地区。高床式羊舍其屋顶、墙体、地面、围栏、运动场、饲槽、水槽、草架等的建造与布设同全封闭式羊舍建造与布设基本相同，只是在舍内增设羊床，羊床用漏缝地板铺成，漏缝地板有水泥漏缝地板、橡胶漏缝地板、木制漏缝地板等，地板隔梁断面为梯形，上宽 5 厘米，下宽 7 厘米，厚 2.5～4 厘米，地板间缝隙宽羔羊 1.5～2 厘米，成年羊 2～2.5 厘米。羊床宽 2.5 米，有 2%～5% 的坡度，距离下方地面 0.5～1.5 米。在羊床下设置坡度为 10° 的光滑水泥面接粪斜坡，与粪沟相连，粪沟深 20 厘米、宽 30 厘米。在羊舍外侧设运动场，面积为羊舍的 2 倍以上，在运动场与羊舍交汇处设台阶式步道便于羊只出入。见图 1-7。

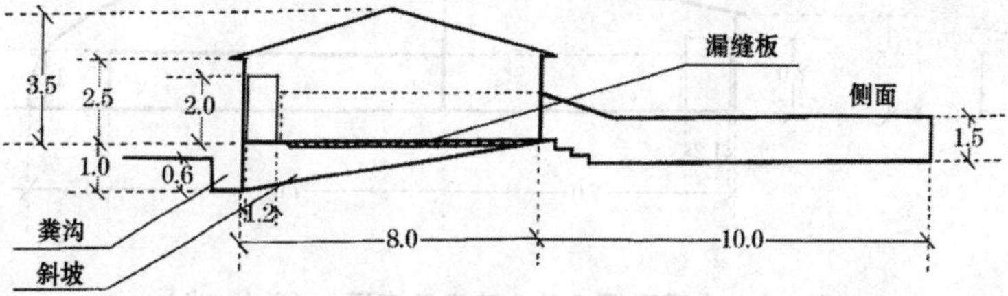

图 1-7　高床式羊舍建设示意图　（单位：米）

24. 农膜暖棚式羊舍建设的基本要求是什么？

农膜暖棚式羊舍实际上是一种更为经济合理、灵活机动、方便实用的棚舍结合式羊舍。这种羊舍可以原有三面墙的敞棚圈舍为基础，在距棚前房檐 2～3 米处筑一高 1.2 米左右的矮墙。矮墙中部留一约 2 米宽的舍门，矮墙顶墙与棚檐之间用木杆或木框支撑，上面覆盖塑料薄膜，用木条加以固定。薄膜与棚檐和矮墙连接处用泥土紧压。在东、西两墙距地面 1.5 米处各留一可关可开的进气孔，在棚顶最高处留 2 个与进气孔大小相当的可调节排气窗。这种农膜暖棚式羊舍在北方冬季气温降至 0℃～5℃时，棚内温度可比棚外提高5℃～10℃；气温至－20℃～－30℃时，棚内可较棚外提高20℃左右。这种羊舍充分利用了白天太阳能的蓄积和羊体自身散发的热量，提高夜间羊舍的温度，使羊只免受风雪严寒的侵袭。使用农膜暖棚养羊，要注意在出牧前打开进气孔、排气窗和舍门，逐渐降低舍温，使舍内外气温大体一致后再出牧。待中午阳光充足时，再关闭舍门及进出气口，提高棚内温度。农膜暖棚式羊舍的地面、围栏、运动场、饲槽、水槽、草架等的建造与布设同全封闭式羊舍建造与布设基本相同。见图1-8。

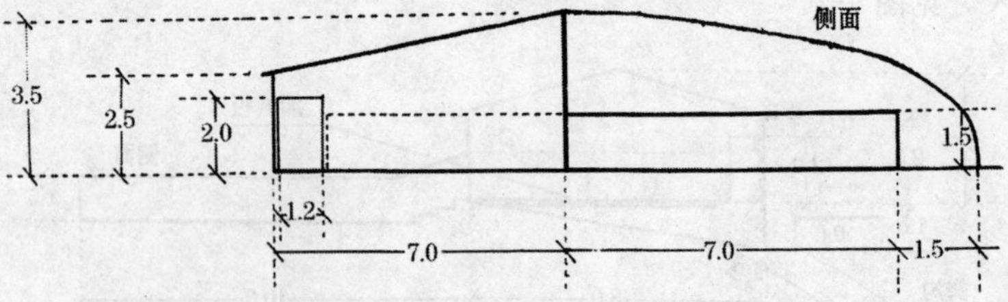

图1-8 农膜暖棚式羊舍建设示意图 （单位：米）

25. 母羊舍建设的基本要求是什么？

(1)母羊舍的位置 位于养殖场的上风向，与公羊舍、羔羊舍相连。

(2)母羊舍的建筑 一般采用单列式外带运动场，饲喂通道紧靠北沿墙，宽度1.2～1.5米水泥地面，房顶为双坡式，墙体为砖混结构，水泥抹面，1.5米以上压光，羊舍内地面为砖铺地面或漏缝地面，栏杆高度1.5米。

(3)羊舍的跨度和长度 羊舍的跨度一般不宜过宽，有窗自然通风。羊舍跨度以8～9米为宜，这样舍内空气流通较好。羊舍的长度没有严格的限制，但考虑到设备安装和工作方便，一般以25～50米为宜。羊舍长度和跨度除要考虑羊只所占面积外，还要考虑生产操作所需要的空间。

(4)羊舍面积及运动场大小 羊舍的面积大小可根据饲养数量、品种和饲养管理方式来确定。产羔室可按基础母羊数的20%～25%计算面积。运动场面积一般为羊舍面积的1.5～3倍。每3间为一个羊圈，约75米^2，中间1间约25米^{2}作羔羊舍，共7间，每个羊圈可养基础母羊50只左右，每个圈外设置约12米×10米的运动场。成年羊运动场可按4米^2/只计算。

(5)羊舍高度 羊舍高度根据气候条件有所不同。跨度不大、气候不太炎热的地区，羊舍不必太高，一般从地面到天棚的高位为2.5米左右；对于跨度大、气候炎热的地区可增高至3米左右；对于寒冷地区可适当降低到2米左右。

(6)门窗 一般门宽1.2～1.5米，高1.8～2米。设双扇门，便于大车进入清扫羊粪。寒冷地区在保证采光和通风前提下少设门，在大门外可安装套门。窗一般宽1～1.2米，高0.8～1.2米，窗台距地面高1.3～1.5米。

(7)附属设施 饲槽设在舍内紧靠饲喂通道，水槽设在运动场，长度和数量以羊采食、饮水不拥挤为原则。每栋羊舍之间距离保持在8～10米及以上或者有隔离设施。为了充分利用羊舍面积，可以安装活动分娩栏，在产羔期间安装使用，产羔期过后卸掉。每100只成年母羊应设8～14个分娩栏，每个面积为3～4米^2。

26. 产房建设的基本要求是什么？

产房可按基础母羊数的20%～25%计算面积。采用单列式建筑，舍外设运动场，舍内北面设饲喂通道，宽1.5米，沿饲喂通道设饲槽，水槽设在运动场，墙体用二四砖砌成，水泥抹面压光。妊娠后期进入分娩舍单栏饲养、每栏2米^{2}左右，每100只成年羊舍准备15个，羊床垫褥草，并设有羔羊补饲栏。一般采用单列式饲养,一个运动场,敞开、半敞开、封闭式都可。

27. 公羊舍建设的基本要求是什么?

因为公羊具有强烈的羊膻味,对刺激母羊发情有良好的影响,因此公羊舍的位置应在母羊舍的上风向。采精室靠近公羊舍,采用单列式建筑、双坡式房面。占地面积:种公羊群 1.5~2 米^2/只,单栏饲养羊 4~8 米^2/只,运动场面积为舍内面积的 2 倍,墙体用二四砖混结构,水泥抹面压光。

28. 羔羊舍建设的基本要求是什么?

羔羊舍采用封闭式、单列式或双列式,舍外带运动场,并设置小丘、高低不等的高台,供羔羊运动,运动场地面用三合土地面,舍内地面采用砖砌地面或水泥地面或漏缝地面,隔栏高度 1.2 米,舍内设置取暖热风炉或火墙。羔羊舍设在羊场的上方向,远离育肥羊舍,以防感染疾病。育成羊舍安排在羔羊舍和成年羊舍之间,便于转群。羔羊断奶后进入羔羊舍,合格的母羔羊 6 月龄进入后备羊舍,公羔至育肥后出栏,应根据年龄段、强弱、大小进行分群饲养管理。采用全价颗粒饲料或混合料,根据羊的大小设计饲槽的高低,饮水设备准备充足。

29. 肉羊场消毒设施建设的基本要求是什么?

肉羊场消毒设施包括消毒室、消毒池、洗浴室、更衣室、消毒垫等。消毒室设在生活区大门入口旁与传达室相连,采用平顶屋面,室内地面为水泥地面,并铺设消毒垫,屋顶安装紫外线灯或消毒喷雾系统,面积为 30~50 米^2,人员经过消毒室应走"S"形曲线,室内四周及屋顶都应安装紫外线消毒灯，每面墙均安装40瓦紫外线消毒灯各2盏。消毒池也设在生活区大门入口处，与大门同宽约3米，长3～4米（大于车轮周长），深0.2～0.3米，消毒池内消毒液用2%氢氧化钠溶液，1周左右更换1次，要求池壁、池底坚固耐腐蚀，不渗漏。洗浴室、更衣室设在生产区入口处，采用平顶屋面，室内为水泥地面，配备工作服、雨靴等用品，各栋羊舍出入口设置小型消毒池，长、宽各0.6～1米，并配置消毒垫。

30. 肉羊场兽医室建设的基本要求是什么？

兽医室的位置应设在养殖区下风方向或地势较低的地方，距养殖区保持50～100米。能够最大限度地减少羔羊、育成羊的发病机会，避免成年羊舍排出污浊空气。但有时由于实际条件的限制，做起来十分困难，可以通过种植树木，建阻隔墙等防护措施加以弥补。

羊场兽医室面积为30～60米^2，承担全场疫病防控、常规病治疗、饲养卫生安全监督等职责。采用平顶屋面，室内地面为水泥地面，配备冰柜、冰箱及兽医防治设备，常规检验设备，日常消毒药品、治疗药品及防疫应急物品等。

31. 肉羊场病羊隔离舍建设的基本要求是什么？

病羊隔离舍应处于养殖区下风方向，并与养羊区保持100～200米的距离。采用单列式双坡屋顶，封闭式建筑，面积以养殖规模大小来决定，一般为50～100米^2，分成若干小圈，每小圈面积为20米^{2}左右。地面为水泥地面，便于清洗和消毒，并配置相应的饲槽和水槽。

32. 羊场草料库建设的基本要求是什么?

配置与养殖规模相适应的饲料库、饲草棚,容积分别按每只羊贮存150千克、700千克计算。饲料库按封闭双坡式建设,跨度一般为9米,长度35～70米(10～20间),沿口高度为4米,脊高5米;地面为水泥地面,并做防潮、防渗处理,地面应高出30～40厘米。饲草棚按半封闭、双坡屋顶式建设,跨度一般为9～12米,长度35～70米(10～20间),沿口高度为4～4.5米,脊高5～6米;地面为水泥地面,并做防潮、防渗处理,地面应高出30～40厘米,见彩图1-3。

33. 羊场草料加工的主要设备有哪些?

羊场饲草饲料加工设备主要包括饲草料切碎机、粉碎机、揉碎机、拉丝机等。牧草收割机械设备主要包括牧草收割机、打捆机、搂草机、饲草料转运机具等。

(1)饲料粉碎设备 饲料粉碎机主要有爪式和锤式两种。爪式粉碎机是利用转子上的齿爪将饲料击碎。这种粉碎机结构紧凑、体积小、重量轻,适合粉碎籽实类饲料原料及小块饼粕类饲料。锤式粉碎机是利用高速旋转的锤片将饲料击碎。粉碎效果好,非常实用,加工饲料种类多。

(2)配合饲料生产机组 配合饲料生产机组由粉碎机、混合机和输送装置等组成。一般羊场采用该机械,用预混料或浓缩料生产混合精料。

(3)铡草机 主要用于牧草和农作物秸秆切碎。选购时,注意考虑切割段长度可以调节;通用性能好,可以切割各种秸秆、牧草、青草;能把粗硬的秸秆压碎,切割平整无斜茬;切割时发动机负荷均匀，能量比耗小；结构简单便于修理等因素。

(4)青贮饲料收割机 玉米青贮收获期短，对于大型羊场而言，要靠农户收割运送玉米秸秆开展青贮，往往会耽误青贮制作，影响青贮饲料的贮备，应根据养殖规模配备青贮饲料收割机。青贮饲料收割机有较多机型，较先进的是一次完成收割、切碎、抛送和装车专业的自走式多功能青贮饲料收割机。

(5)全混合日粮(TMR)制备机 大规模肉羊育肥生产采用TMR技术将是肉羊生产的趋势。全混合日粮(TMR)制备机分类：从外形上分可分为卧式、立式；从动力类型上分可分为自走式和牵引式。每一型号容积大小又有不同款式。

①外形选择 立式TMR机优点是单位容积搅拌的粗饲料比卧式多，填充率高，耗能小，切割打捆饲草能力强。缺点是上料口高，操作不便，对羊舍门的高度要求高；搅拌均匀度、饲草细碎度不如卧式好。

②动力选择 固定式制备机：以电动机为动力，作业设在固定场所，设备价格较低。适合小场和养羊小区，也适合配送中心。牵引式制备机：需配置胶轮拖拉机牵引配备动力，搅拌、切料、称重、撒料一体完成，适合较大型羊场采用散栏对头饲喂模式。羊舍两头对开门，门高3.5米，门宽4.5米。

(6)青贮取草机 主要部件由取料割头和传送带组成。取料割头由电动驱动，旋转取料，刮板快速上料。液压驱动行走和转向，高抛卸料3.5米以上。节省铲车操作，取料整齐，青贮不易发霉，减少浪费，适合较大型羊场。

34. 羊场饲喂设备有哪些？

(1)饲槽 供给喂羊精料、青贮料、块根类等饲料之用，固定式长方式饲槽：以舍饲为主的羊场应修建永久性固定式饲槽。双列对头式羊舍，饲槽应修在中间走道两侧；双列对尾式羊舍，饲槽应修在靠窗户走道一侧。饲槽可用砖、石、水泥砌成，饲槽上宽 45 厘米，下宽 35 厘米，深 20～25 厘米，距地面 40～50 厘米，槽底应为半圆形，以便于清扫，槽长按每只羊 40 厘米计算。为了便于机械操作，槽外沿要低于槽内沿，一般槽外沿为 20～25 厘米，内沿高度为 30～35 厘米。移动式长条形饲槽：这种饲槽可用木板或铁皮制成，一般为哺乳羔羊用，宽 13 厘米左右，高 10 厘米左右，移动和存放较方便。

(2)饲草架 利用草架喂羊，可避免践踏饲草，防止粪尿污染，还可整草投喂，具有省草省工、减少浪费的好处。草架有多种形式，有靠墙设置的单面固定草架，有长方形两面草架，有的羊场和农户利用石块砌槽，水泥勾缝，钢筋作隔栅。草架隔栅间距为 9～10 厘米，羊可以自由伸过头去采食。一般"V"形栅栏式饲草架，宽 0.4～0.5 米，高 0.8～1 米，长 1～3 米，底部距地面 0.3 米。

(3)颈枷 为了保证羊群均匀采食，避免争抢食物或发生争斗，可利用颈枷固定羊只，羊颈枷安装在固定饲槽的内缘，多以细铁管或钢筋焊制而成。当羊头颈伸入羊槽吃草时，饲养员将可以上下翻动的横铁管(颈枷)放下，挡住羊的头颈，使之不能退出，当饲喂完毕时，再将颈枷翻上去，羊只就可以自由退出。

(4)羔羊饲用盆架 羔羊饲用盆架多靠墙建，用砖和石块垒成。地面至盆架上缘的高度为 0.23 米左右，墙体至盆架外缘的宽度(或直径)为 0.23 米左右。

35. 羊场供水系统建设的要求是什么？

供水系统包括水源、输水管道、水塔等，满足生活、生产及养殖需要。场内养殖用水应设置饮水槽，饮水槽为"U"形，上口宽 0.25～0.3 米，槽底部距地面 0.15～0.2 米，槽深 0.15 米，底部设排水阀门。水槽应坚固，槽面光滑，不渗水，易清洗消毒，有条件的最好在冬季使用自动加热饮水槽。

36. 羊场供电系统建设的要求是什么？

(1)羊场动力用电 在建场前要了解供电源的位置与羊场的距离，最大供电允许量，供电是否有保证。规模较大的羊场应有自己的变电设施，如变压器、配电室等，保证380伏动力电正常运行，羊场还应自备380伏发电机，以保证场内供电的稳定可靠。

(2)羊场生活照明用电 每羊舍50米^2，每运动场100米^2，场区道路每50米安装1盏照明灯，功率60～500瓦。

37. 羊场供暖系统建设的要求是什么？

(1)冬季比较寒冷的地方，羊舍建筑时应采取的保温措施 墙体坚固、耐用，便于清扫消毒，采用空心砖砌墙具有良好的保温与隔热能力。屋顶一般用彩钢瓦，中间要有8～15厘米厚的保温层。

(2)人工增温措施 冬季寒冷地区根据羊场规模大小配置相应的供暖锅炉，特别是产房、羔羊舍要保证适宜温度。火墙经济实用、取暖效果好。火墙长2.5米，高1.2米，在砌火墙之前，在入地砖之上砖砌二四墙底座，高0.3～0.4米(5～7层)，然后砖块"一跑一拔"挂斗砌八层，每二层用卧砖隔离形成四个曲线火道，在第一个火道的近端设置炉膛，作为热源，远端向上留0.12米×0.12米的口与第二个火道的远端相通，在第二个火道的近端向上留0.12米×0.12米的口与第三个火道的近端相通，在第三个火道的远端向上留0.12米×0.12米的口与第四个火道的远端相通，在第四个火道的向上直达房顶做成高5米的排烟孔，使热量在火墙内曲线运动，延长滞留时间，火墙一般用黄土过筛制成泥浆，用来糊缝，可达到不漏烟的效果，见图 1-9。

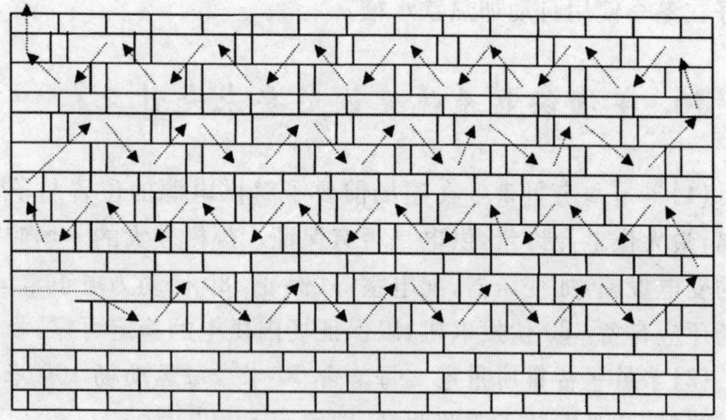

图 1-9　火墙建设示意图

38. 羊场无害化处理设施建设的要求是什么？

(1)粪污处理设施　在粪污处理区配置堆粪场，堆粪场要求地面用水泥地面硬化处理，上面加盖遮雨棚，能够满足对粪污进行循环堆积发酵处理的要求。

(2)病死羊处理设施　在粪污处理区配备焚尸炉、尸体无害化发酵处理设备或修建化尸池。

39. 羊场场区道路建设的要求是什么？

场区道路设净道、污道、羊只转群通道。净道一般位于每栋羊舍操作间一端，用于饲养人员出入和运输饲料；污道一般连通每栋羊舍另一端，是清扫废弃物、运出粪便、病死羊只专用通道。净道、污道应分离，相互不能交叉，出入口各自分开。净道入口和场区大门相通，污道出口与粪污处理区连接。场内主干道宽 6 米，辅助道路宽 3 米，羊转群通道宽 0.6 米。同时，污水道与雨水道分离，分设在污道一端。

40. 羊场围墙、隔离沟建设的要求是什么？

围墙高度 2.5～3 米，墙体应建成二四实心墙既有防风作用，还可防止其他动物如猫、狗等进入羊场，墙体必须坚固、耐用、抗震、耐水、抗冻，结构简单。隔离沟一般宽 2～3 米，深 1.5～2 米，也可起到防止其他动物进入羊场的作用。

41. 羊场场区绿化建设的作用及要求是什么？

(1)改善羊场内的温度、湿度、气流等情况 在夏季，一部分太阳的辐射热量被稠密的树冠所吸收，而树木所吸收的辐射热量，绝大部分又用于蒸腾和光合作用，所以温度的升高并不明显。绿化可以增加空气的湿度，减缓风速。

(2)净化空气 大型羊场空气中的微粒含量往往很高，在羊场及其四周如种有高大树木的林带，能吸收大量的二氧化碳和氨，净化、澄清大气中的粉尘，同时又释放出氧。草地除了可以吸附空气中的微粒外，还可以固定地面上的尘土，不使其飞扬。

(3)减轻噪声 树木与植被等对噪声具有吸收和反射的作用，可以减弱噪声的强度。树叶密度大，减声效果越显著。因此，羊舍周围应栽种树冠较大的树木。

(4)减少空气及水中的细菌含量 树木可使空气中的微粒量大大降低，因而使细菌失去附着物，减少病菌传播的机会。有些树木的花、叶能分泌一种芳香物质，可以杀死细菌、真菌等。

用作羊场绿化的树木不仅要适应当地的水土环境，还要有抗污染、吸收有害气体等功能。常见的绿化树种有泡桐、梧桐、小叶白杨、毛白杨、钻天杨、旱柳、垂柳、槐树、红杏、臭椿、合欢、刺槐、油松、侧柏、雪松、樟树、核桃树等。

42. 运动场的作用及要求是什么?

生命在于运动,羊的运动场与羊舍相连,通常设在羊舍的南面,其面积为羊舍的2～3倍,运动场地面要干燥,地面用砖砌,呈斜坡形,排水方便。周围用砖或其他材料砌成花墙或围墙,也可用铁丝围成高1.3～2米的围栏。羔羊喜欢跳跃和攀登,在羔羊的运动场可设置高台或土丘,高台呈台阶式,下大上小,高度1～1.5米。运动场要设水槽,四周还应栽种槐树、杨树、桐树等阔叶树种,夏季遮阴避雨,饲养繁殖公、母羊和羔羊的圈舍外必须设运动场,育肥羊舍不一定设运动场。

43. 羊运动场内应配备的设施有哪些?

(1)盐槽　给羊补盐和其他矿物质时,如果不在舍内或混在饲料中饲喂,可在运动场修建一个防止雨淋的盐槽,任羊自由舔食。

(2)水槽　放置清洁饮水,供羊群自由饮用。

(3)分羊栏　制作成可移动的铁栅栏或木栅栏,供分群、鉴定、防疫、驱虫、称重、打号等生产活动使用。

(4)荫棚　除开放式和半开放式羊舍外,一般羊场都要在运动场搭建荫棚,保证羊群免遭雨淋和暴晒,并可在舍外正常采食。

(5)运动器械　建土丘、高台、吊环、独木桥等,供羊运动。

44. 羊场药浴池建设的要求是什么?

为了预防和治疗羊疥癣及其他体外寄生虫病的发生,每年要定期给羊进行药浴。供羊药浴的药浴池一般用水泥筑成，形状为长形沟状，深 1 米，总长 13 米，底宽 0.3～0.6 米，上宽 0.6～1 米，以 1 只羊可单独通过而不能转身调头为度，入口一端建成斜坡，出口一端建成台阶，便于羊行走，在入口处设置围栏，羊群在内等待入浴，出口处设置滴流台，羊出浴后在滴流台上停留一段时间，使身上的药液回流到池内。见图 1-10。

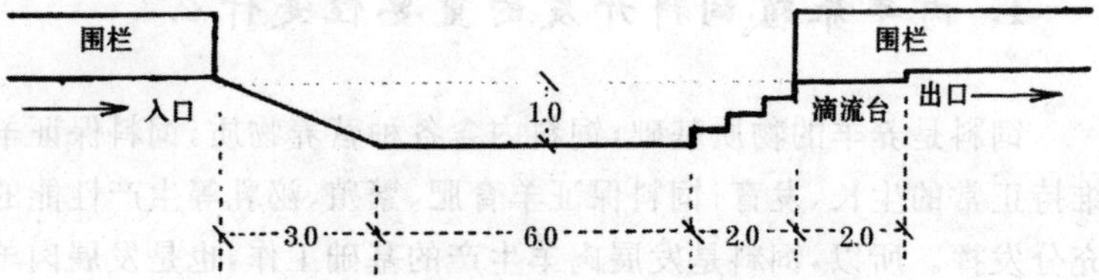

图 1-10　药浴池建设示意图　（单位：米）

45. 羊场的其他附属设施有哪些？

(1)配齐办公用品　如办公桌、椅、电脑、传真机、电话座机、照相机、监控设备等。

(2)生活设施　如桌、椅、电视机、冰箱、洗衣机及厨房用具等。

(3)防疫消毒设施　如冰箱、冰柜、高压清洗机、喷雾机、保温灯、清粪车、工作服、消毒药、体温计、温度计、湿度计、听诊器、口罩、乳胶手套、护目镜等。

(4)养殖设施　如草料运输车、饲料搅拌机、粉碎机、铡草机、台秤、地磅等。

二、肉羊的饲料开发与利用

1. 肉羊养殖饲料开发的重要性是什么?

饲料是养羊的物质基础;饲料内含各种营养物质;饲料保证羊维持正常的生长、发育;饲料保证羊育肥、繁殖、泌乳等生产性能的充分发挥。所以,饲料是发展肉羊生产的基础工作,也是发展肉羊生产的前提条件,按照肉羊的营养需要,对饲料进行科学合理的开发,进行必要的加工、调制、配合,从而制成配合饲料,使其所含营养物质全面、均衡,以满足肉羊各种生理活动和各种生产活动的营养需要,从而提高肉羊养殖的经济效益。

2. 什么是羊的营养需要?

羊的营养需要是指羊在生存、生长及生产过程中,所需要的各种营养成分的总和,可分为维持生长发育需要的营养物质和保证生产活动正常进行需要的营养物质。维持生长发育需要的营养物质主要用于基础代谢、自由活动和维持体温,维持需要占总摄取养分的比例越低,用于生产活动需要的比例就越高,饲养效益就越好。保证生产活动需要的营养物质包括生长、妊娠、产奶需要等。无论何种情况羊摄取的营养物质首先满足维持生长发育需要,剩余的营养物质才用于生产活动的需要。

3. 肉羊生长发育及生产活动需要哪些营养物质?

羊维持生长发育及保证生产活动正常进行所需要的营养物质包括:蛋白质、碳水化合物、脂肪、维生素、矿物质、微量元素、各种酶、活性物质和水等。蛋白质是给动物提供氮素的物质,也是细胞的主要组成部分,参与动物代谢的大部分化学反应。碳水化合物主要是淀粉和纤维类物质,为羊的各种活动提供能量。脂肪广泛存在于动、植物组织中,其中以动物饲料、糠麸类和各种饼粕类饲料含量较高,成熟后的作物秸秆含量较低,羊除了长期饲喂单一饲料的情况下,一般不会缺乏脂肪,因此不需要另外补充。维生素是羊体必需的营养物质,有控制和调节代谢的功能,对维持羊的健康、生长发育和繁殖具有十分重要的作用。矿物质元素是羊体内营养需要中一大类无机营养素,在自然界存在 60 多种,羊所必需的有 27 种。水对维持羊体内正常代谢,保持酸碱平衡等有重要作用。

4. 蛋白质的作用主要有哪几个方面?

(1)维持正常生命活动 蛋白质不仅是羊的肌肉、皮肤、血液、神经、结缔组织、腺体、精液等组织器官的主要成分,还在体内起着传递、运输、支持、保护、链接、运动等多种功能性作用。由于构成各组织器官的蛋白质种类不同,不同的组织器官具有各自特异性生理功能。蛋白质又是成羊体内各种酶、激素和抗体的主要成分,并在能维持羊体内渗透压和水分的正常分布方面起着重要作用。

(2)为机体提供能量 在羊体内营养不足时,蛋白质可分解供给能量,维持机体代谢活动。当蛋白质摄入过剩时,也可转化成糖、脂肪或分解产生能量，供机体代谢之用。

(3)更新和修补机体组织 蛋白质的营养作用是碳水化合物、脂肪等所不能代替的。在羊的新陈代谢过程中，蛋白质起着更新和修补组织主要原料的作用。羊缺乏蛋白质饲料时，会出现消化功能减退、体重减轻、生长发育受阻、抗病力下降，容易发生疾病，严重缺乏时可导致死亡。精料中蛋白质水平过低，还会影响羊对其他营养物质的吸收和利用，降低精料的利用效率。

各类饲料中的粗蛋白质含量不同，其中饼粕类为30%～45%，豆科籽实类为20%～40%，糠麸类为10%～17%，豆科干草类为9%～12%。豆科籽实、饼粕、豆科牧草等是肉羊的主要蛋白质饲料来源。在肉羊饲养中，应根据饲料的来源、价格以及肉羊的饲养标准和要求调整蛋白质饲料比例，羔羊育肥期的精料粗蛋白质含量16%～18%，成年羊育肥精料粗蛋白质水平可降至12%～14%。

5. 碳水化合物的作用主要有哪几个方面？

(1)维持羊体生命活动 碳水化合物不仅是大脑神经系统、肌肉组织、脂肪组织、胎儿生长发育、乳腺发育等生命活动及代谢的能源，而且是维持正常体温的必需物质，供给不足时，羊易出现妊娠毒血症，严重缺乏时会造成死亡。

(2)形成羊体组织 碳水化合物是形成羊体组织的重要成分之一，其中五碳糖是细胞核酸的组成成分，半乳糖与类脂肪是神经组织的必需物质，许多糖类与蛋白质化合而成糖蛋白，低级核酸与氨基化合形成氨基酸。

(3)形成羊产品 碳水化合物是形成羊产品的重要物质，如葡萄糖可以合成乳糖，并参与部分必需氨基酸的形成，黏多糖保证正常生理、生产活动。

(4)维持羊消化功能 碳水化合物是维持羊正常消化功能所必需的营养。碳水化合物类饲料中的粗纤维除了为羊体提供能量及合成葡萄糖和乳糖的原料外，还能刺激消化道黏膜，促进消化道未消化物质的排出。

碳水化合物来源丰富，成本低廉，一般情况下，羊不会缺乏，但病羊、弱羊、妊娠母羊和哺乳母羊应注意补充。在妊娠后期，胎儿发育快，对能量需要量大，怀单羔母羊的能量总需要量是维持需要的 1.5 倍，怀双羔母羊为维持需要的 2 倍。羊在产后 12 周泌乳期内，有 65%～80%的代谢能转化为供羔羊哺乳的奶能，带双羔母羊的转化率更高。

6. 脂肪的作用主要有哪几个方面？

(1)为机体提供能量 脂肪是提供能量来源的一部分，也是储存能量的最好形式，脂肪是含能量最高的营养素，所产生的能量是蛋白质和碳水化合物的 2 倍左右。

(2)构成羊体组织细胞 脂肪是组成羊体组织细胞的重要成分，如神经、肌肉、血液等均含有脂肪，各种组织的细胞膜是由蛋白质和脂肪按照一定比例所组成，脂肪也参与细胞内某些代谢调节物质合成，在细胞膜传递信息的活动中起着载体和受体作用。

(3)溶解脂溶性维生素 脂肪是脂溶性维生素的溶解剂，饲料中缺乏脂肪时，脂溶性维生素消化代谢发生障碍，维生素的利用率降低，羊可表现出维生素缺乏症。

(4)为动物提供必需脂肪酸 在羔羊的生长过程中，必须通过饲料提供的脂肪酸包括亚油酸、亚麻酸和花生油酸。羊缺乏必需脂肪酸时，会出现皮肤角质化、毛质变脆、免疫力下降、生长发育受阻、繁殖力下降等现象，易引发疾病甚至死亡。

7. 肉羊需要的维生素分为哪几类？

肉羊生长发育及生产活动需要的维生素可分为脂溶性维生素和水溶性维生素两大类。脂溶性维生素是指不溶于水，可溶于脂肪及其他有机溶剂的维生素，在消化道随脂肪一同被吸收，如维生素A、维生素D和维生素E(a-生育酚)等。水溶性维生素可溶于水，包括整个B族维生素和维生素C(抗坏血酸)。

8. 脂溶性维生素的作用是什么？

(1)维生素A 维生素A能促进骨骼正常生长，保护表皮黏膜，使细菌不易伤害，可调节上皮组织细胞的生长，防止皮肤黏膜干燥角质化，提高免疫能力，增强羊对各种病原菌及寄生虫感染的抵抗能力。羊摄入过量的维生素A可引起中毒，其中毒量一般为需要量的30倍左右。

(2)维生素D 维生素D能提高羊对钙、磷的吸收与利用，促进生长发育和骨骼钙化，通过肠壁增加磷的吸收，并通过肾小管增加磷的再吸收，还可防止氨基酸通过肾脏损失。在精料中添加维生素A的同时，一般应添加维生素D，以提高机体代谢水平，促进钙、磷的吸收。如果维生素D添加过量，也会引起中毒，羊饲喂60天以上超过需要量4～10倍的维生素D时，就可出现软骨生长受阻、食欲和体重下降、血钙升高、血液磷酸盐降低等症状。

维生素D在豆科植物中含量较多，在其他植物性饲料中含量极少。但植物中麦角固醇在紫外线照射下，其中一部分可转变为维生素D_3；动物皮肤颗粒层中的7-脱氢胆固醇在紫外线照射下，也可转变为维生素D_3，储存于动物肝脏。光照不足或消化吸收障碍可导致羊钙、磷吸收和代谢障碍，骨骼发育受阻。

(3)维生素E(a-生育酚) 维生素E能促进生殖系统的生长发育,对维持羊正常繁殖性能和提高肉质有重要作用,而且又有保护T淋巴细胞、红细胞的作用,是一种抗氧化剂和免疫增强剂。一般来说,饲料越绿胡萝卜素和维生素E含量越高,鲜嫩牧草的胡萝卜素含量远远高于干黄牧草和作物秸秆,因此在肉羊养殖中应注意提供足够的青绿饲料、多汁饲料和青干草,以满足维生素A和维生素E的需要。常年放牧羊群一般不会缺乏维生素E。但舍饲应注意优质青绿饲料、多汁饲料和青干草(如豆科牧草)的供给和舍外活动的时间。

9. 水溶性维生素的作用是什么?

(1)B族维生素 B族维生素参与蛋白质、脂肪、碳水化合物的代谢,能提高羊的食欲,增强消化吸收功能,维持神经组织正常活动,促进体内氧化还原反应和能量生成。除瘤胃功能不健全的羔羊外,羊瘤胃微生物可以合成足够的B族维生素,在大量使用抗生素时,某些水溶性维生素的利用会受到影响,应在饲料中适当补充。缺乏B族维生素可引起代谢紊乱和体内酶活性降低。

(2)维生素C 维生素C是一种特别有效的抗氧化剂,具有捕捉游离的氧自由基、还原黑色素、促进胶原蛋白合成的作用,广泛参与羊体内多种生化反应。一般情况下,羊可合成足够的维生素C,但在妊娠、泌乳和甲状腺功能亢进的情况下,维生素C吸收量减少、排泄量增加。在高温、寒冷、运输等应激条件下以及能量、蛋白质、维生素E、硒和铁等供应不足时,羊对维生素C的需要量会增加,在饲料中需要补充。

10. 肉羊需要的矿物质主要分哪几类？

肉羊生长发育及生产活动需要的矿物质分为常量矿物质元素和微量矿物质元素两大类。

常量矿物质元素是指在动物体内的含量大于体重0.01%的元素，如钙、磷、钠、钾、氯、镁、硫等7种。

微量矿物质元素是指在动物体内的含量小于体重0.01%的元素，如铁、铜、钴、碘、锰、锌、硒，钼、氟、硅、铬等。

11. 常量矿物质元素的作用是什么？

(1)钙和磷 钙和磷是动物体内含量最多的元素，也是配合饲料中添加量较大的物质。羊在正常情况下钙、磷比例为2∶1左右。钙作为羊体结构组成物质，参与骨骼和牙齿的组成，通过调节神经传递物质释放，调节神经兴奋性，通过神经体液调节，改变细胞膜通透性，使钙离子进入细胞内触发肌肉收缩，激活多种酶的活性，促进胰岛素、儿茶酚胺、肾上腺皮质固醇分泌，同时钙还具有自身营养调节功能。磷除了与钙一起参与骨骼与牙齿结构组成外，主要参与体内能量代谢，促进营养物质的吸收，保证生物膜的完整性，并且作为羊生命活动重要的物质脱氧核糖核酸（DNA）、核糖核酸（RNA）和一些酶的结构成分，参与许多生命活动过程。羊钙、磷缺乏时，易发生佝偻病、骨质疏松症和产后瘫痪等。磷的含量不足时，羊对传染病的抵抗力和采食量大大下降，胡萝卜素转化为维生素A的能力降低。

(2)钠、钾、氯 羊体内的这3种元素主要分布在体液和软组织中，起着维持渗透压、调节酸碱平衡、控制水代谢等生理作用。钠对传导神经冲动、营养物质吸收和维持酸碱平衡等起重要作用；

钾离子影响肌肉神经的兴奋性，参与碳水化合物和蛋白质的代谢，又是多种酶的激活剂；氯是胃液的重要成分，对维持羊的消化吸收功能有重要作用。各种饲料比较普遍的现象是缺乏钠，其次是氯，钾一般不缺。但缺乏其中任何一种元素，羊都会表现食欲差，生长发育缓慢或体重下降，皮肤粗糙，繁殖功能下降，饲料利用率低等。育肥羊精料中非蛋白氮比例过高或大量使用玉米青贮等饲料可导致缺钾症。如食盐主要成分是氯化钠，可补充钠和氯的不足，并促进羊唾液分泌，可增强食欲。

(3)镁 镁是羊骨骼、牙齿及许多酶（如磷酸酶、氧化酶、激酶、肽酶和精氨酸酶）的组成成分，参与 DNA、RNA 和蛋白质的合成，调节神经肌肉兴奋性，保证神经肌肉的正常功能。羊对镁需要量约为精料的0.2%。缺镁时，羊表现厌食、生长发育受阻、过度兴奋、痉挛和肌肉抽搐，严重缺镁可导致死亡。但镁过量也可导致羊中毒，其表现为采食量和生产力下降、嗜睡、共济失调和腹泻，严重时可引起死亡。

(4)硫 硫的作用主要是通过体内含硫有机物来实现，含硫氨基酸合成体蛋白、被毛以及许多激素，还可合成软骨素基质、牛磺酸等。硫是辅酶 A、硫胺素、黏多糖的成分，参与结缔组织的代谢。羊出现硫缺乏症时，采食量和利用纤维素的能力下降。羊硫中毒很少见，用量超过0.3%～0.5%时，可引起厌食、便秘、腹泻、失重、抑郁等症状，严重时可导致死亡。

12. 怎样给羊补充钙和磷？

多数牧草和饲料都含有适量的钙，一般都能满足羊的需要。玉米含钙量较低，饲喂劣质粗饲料的羊，必须补充一定量的钙。成熟的饲料作物和牧草一般都缺磷，长期饲喂这些饲料应注意补磷，羊对磷、钙的利用必须有维生素 D 和镁的参与。生长速度较快的羔羊、早期断奶羔羊、妊娠和哺乳期母羊、配种期公羊应适当提高饲料钙、磷浓度。

注意精料钙、磷比例，按羊群不同生理阶段的需求予以调整，精料正常情况下钙、磷的比例应为 1.5～2：1，但在母羊妊娠后期及哺乳期，钙的消耗量更大，钙磷比例可调整为 2.2：1. 除了多喂饲含钙量较高的苜蓿、白三叶以及谷实类、饼粕和糠麸类饲料外，还可以通过在日粮中补充适量的含钙添加剂，同时改善饲养管理条件，增加运动量，增加羊舍的采光面积和羔羊的日照时间。

对表现出缺钙症状羊只，首先要查明原因，如果是钙、磷等比例不当，可用磷酸氢钙予以补充；如钙、磷不是等比例缺乏，可用石粉或贝壳粉补充。对有缺钙病史或有前兆的哺乳母羊可根据不同情况静脉注射 10％葡萄糖酸钙或 5％氯化钙注射液，同时补充维生素 D。贝壳粉由贝壳煅烧粉碎而成，含钙 34％～40％，是钙补充剂，石粉为天然碳酸钙，一般含钙 34％左右，骨粉是动物杂骨经高温、高压、脱脂、脱胶后粉碎而成，一般含钙 30％，含磷 14％左右，磷酸氢钙一般含钙 20％以上，含磷 18％左右，都是补充钙和磷最廉价原料。

13. 怎样给羊补充食盐？

除吃奶羔羊外，其他不同生长发育，配种、繁殖阶段的羊都应补充食盐，以满足氯和钠元素的需求，羊对食盐的日需要量为 5～10 克，进入冬季后，羊的饲料以秸秆为主，盐分随水分的流失而减少，不同程度地出现毛色干燥、无光泽等现象，直接影响到食欲与健康，所以冬季饮水及补盐尤为重要。补盐的方法可在每升饮水中加入食盐 0.5～1 克，或在配合饲料中加入 1％～2％食盐，断奶羔羊饲料盐的添加量控制在 1％左右，可将食盐单独放在专用盐槽里让羊自由舔舐，也可将盐砖吊挂在羊舍或运动场适当位置，任羊自由舔食，同时盐砖含磷、碘、铜、锌、锰、铁、硒等元素，一举多得。

14. 怎样给羊补镁？

给羊补镁有以下 2 种方法。在精料中按每天每只羊加入 8 克菱镁矿石粉，或按每天每只羊加入 7 克氧化镁；为改善草场植被中的镁含量，每公顷草地喷洒 14 千克菱镁矿石粉，或者在肥料中加入氧化镁，都可预防羊缺镁症的发生。

15. 怎样给羊补硫？

在羊的精料中添加硫酸盐。选择添加硫酸钠、硫酸钙、硫酸钾或硫酸铵。但这类硫化物的硫利用率较低，仅为 60%～80%，而且其补充量不宜超过饲料干物质的 0.1%，超量可引起羊厌食、失重、便秘，腹泻、抑郁等毒性反应，严重时可导致死亡。

增加富硫饲料用量。将含硫较高的饼粕类、谷实和糠麸的饲喂量加大，羊在补充非蛋白氮时，也要补充硫，并将氮硫比例调整到 10∶1 之间。另外，补饲青绿多汁饲料如大白菜、胡萝卜、山药、南瓜等，可为肉羊提供水分与盐分，有利而无害。

16. 微量矿物质元素的作用是什么？

(1) 铁　铁广泛存在于动、植物体内，糠麸类和饼粕类中均富含铁。铁主要用于合成血红蛋白、肌红蛋白和酶类，参与体内物质代谢并具有抗感染作用。

(2) 铜　一是直接参与体内代谢。二是维持铁的正常代谢，有利于血红蛋白合成和红细胞成熟。三是参与骨骼形成，是骨细胞、胶原蛋白不可缺少的元素。

(3)锌 锌是动物体内 200 多种酶的成分，在不同的酶中，锌起着催化分解、合成和稳定酶蛋白结构和调节酶活性等多种生化作用。同时参与维持上皮细胞和皮毛的正常形态、生长和健康，维持激素的正常作用，维持生物膜的正常结构和功能。

(4)钴 钴参与维生素 B_{12} 的合成，直接参与造血过程，并激活多种酶。钴同蛋白质及碳水化合物代谢有关，而且还可用于合成瘤胃微生物的其他生长因子，增强瘤胃微生物分解纤维素的活性。

(5)锰 锰是参与碳水化合物、脂类、蛋白质和胆固醇代谢的一些酶类的组成成分，也是多种酶、精氨酸酶的激活剂。锰是骨骼中软骨的必需成分，可预防骨短粗症，使其形成正常骨骼。锰与羊生长、繁殖有关，参与铜的造血功能，维持大脑正常代谢功能。

(6)碘 碘的主要功能是通过合成甲状腺素来完成，甲状腺素几乎参与体内所有的物质代谢过程，维持体内能量平衡，对羊的繁殖、生长、发育、红细胞生长和血液循环等起调控作用。植物性饲料中碘含量很低，放牧的羊易出现缺碘症状，如甲状腺肿大，生长发育停滞，皮肤、被毛及性腺发育不良，繁殖力下降等。

(7)硒 硒在体内参与谷胱甘肽过氧化物酶组成，可保护细胞膜结构完整和功能正常，对胰腺组成和功能有重要影响，并具有促进脂类及其脂溶性物质在肠道消化吸收的作用。我国缺硒地域面积约占总土地面积的 2/3，西北为严重缺硒区，羊缺硒会引起白肌病，精料中含有 0.1 微克硒即可满足羔羊的正常需要。

(8)钼 钼有助于饲料的消化，能加速羊生长发育，提高增重。钼可在肠内与铜形成复合物，使铜失去生物活性，防止铜的摄入量过大。因此，在羊的精料中补充适量的钼是十分必要的。

17. 怎样给羊补充微量元素？

把握好青绿多汁饲料与其他饲草、饲料的合理搭配，通过添加微量元素添加剂补充微量元素，也可通过舔砖给羊补充含铁、铜、硒、锌、锰、铜、钴、钼等微量元素，但2月龄内羔羊不宜投放，还可给高产草场施肥料时添加微量元素。

18. 肉羊饲料分为哪几种类型？

肉羊的饲料种类繁多，根据饲料营养特性，以方便应用为原则，可把饲料归纳分为：植物性饲料、矿物质饲料、动物性饲料3大类。植物性饲料又可分为粗饲料、青绿饲料、多汁饲料、精饲料4大类。精饲料包括籽实饲料（如玉米、高粱、小麦、大麦、豆类、荞麦、粟、谷等）和农副产品下脚料（如麦麸皮、米糠、粉渣、酒糟、油饼等），一般在养羊实践中习惯把能量饲料和蛋白质饲料通称为精饲料。详见下图。

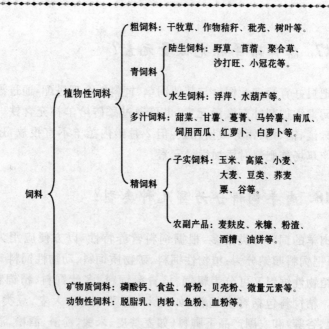

- 饲料
  - 植物性饲料
    - 粗饲料：干牧草、作物秸秆、秕壳、树叶等。
    - 青饲料
      - 陆生饲料：野草、苜蓿、聚合草、沙打旺、小冠花等。
      - 水生饲料：浮萍、水葫芦等。
    - 多汁饲料：甜菜、甘薯、蔓菁、马铃薯、南瓜、饲用西瓜、红萝卜、白萝卜等。
    - 精饲料
      - 子实饲料：玉米、高粱、小麦、大麦、豆类、荞麦粟、谷等。
      - 农副产品：麦麸皮、米糠、粉渣、酒糟、油饼等。
  - 矿物质饲料：磷酸钙、食盐、骨粉、贝壳粉、微量元素等。
  - 动物性饲料：脱脂乳、肉粉、鱼粉、血粉等。

19. 水对肉羊有什么作用?

水是组成体液的主要成分，是羊对饲料进行消化吸收、营养物质代谢，体内废物排泄及体温调节等生理活动所必需的物质，是羊的生命活动不可缺少的营养物质。水分占羊体重的60%～70%，当体内水分损失5%时，羊就有严重的渴感，食欲下降或废绝；当体内水分损失10%时，就会出现代谢紊乱；当水分损失达20%时，可导致羊死亡。2～3天不饮水，羊就拒绝采食，长期缺水，可使羊唾液减少，瘤胃发酵困难，食欲下降，胃肠蠕动减慢，消化功能紊乱，血液浓缩，体温调节功能失调，尿浓度增高而发生尿毒症。另外，在缺水情况下，羊体内脂肪过度分解，会诱发毒血症，导致肾炎。因此，在羊舍内要设置足够的水槽，让每只羊得到充足的饮水，并保障饮水干净、卫生。

20. 肉羊对饲料的基本要求是什么？

(1)饲料必须符合肉羊饲养标准的要求 结合不同生产条件下肉羊的生长发育情况与生产性能状况予以灵活选择应用，进而满足肉羊对各种营养物质的需要。

(2)选用当地原料 羊是反刍动物，可大量使用各种青饲料、粗饲料，尤其是可以将农作物秸秆加工处理后进行饲喂，所以原料可就地取材。应选用当地来源广泛、营养丰富、价格低廉的饲料经加工调制成全价配合日粮，以降低生产成本。在配合羊的日粮时，应以青、粗饲料为主，再补充精料等其他饲料。

(3)饲料多样化 不同种类饲料营养成分差异较大，单一饲料保证不了羊生长发育对营养的需要，选用多种饲料合理搭配使用，以充分发挥各种饲料的营养互补作用，从而满足羊的营养需要。多种饲料搭配，既要使配合的日粮有一定的容积，羊吃后具有饱腹感，又要保证日粮有适宜的养分浓度，使羊能满足所需的营养。各种饲料的大致配合比例为：总日粮中干物质，青粗饲料占50%～60%，精料占40%～50%，精料中子实饲料占30%～50%，蛋白质饲料占15%～20%，矿物质饲料占2%～3%。

(4)饲料的适口性要好 饲料的适口性与肉羊的采食量有直接关系，日粮适口性好，可增进肉羊的食欲，提高采食量；如果，日粮适口性不好，影响羊的食欲，采食量减少，不利于羊的生长发育，达不到应有的增重效果。因此，对一些适口性较差的饲料加入调味剂，可使适口性得到改善。

(5)日粮体积要适当 日粮体积过大，羊吃不进去；体积过小，羊吃了不能满足生长发育对营养物质的需要，也难免有饥饿感。肉羊一般每10千克体重采食0.3～0.5千克青干草或1～1.5千克青草。

(6)配合饲料所用原料要保持相对稳定 羊对饲料中的异味特别敏感，选用优质饲料，严禁饲喂有毒、有异味和霉变的饲料。羊日粮突然改变既影响采食，也影响瘤胃发酵，从而降低营养物质的吸收，甚至会引起消化系统疾病，若变换羊日粮组成不应变化太大、太突然，应逐渐改变，使羊有一个适应的过程。

(7)配合饲料要以食品安全为前提 必须保证所有原料的安全可靠，选用的添加剂，应质地良好，保证无毒、无害、不霉变、无污染，不添加抗生素类药物，坚决不用国家明令禁用的兽药及添加剂。

21. 肉羊的粗饲料主要包括哪几类？各自的特性是什么？

粗饲料是指粗纤维含量18%以上的一类饲料，主要包括干草、秸秆、秕壳3大类。

(1)干草 干草是青草或其他饲料作物刈割后，经干燥（晒干或烘干）制成的。可加工成干草的有豆科牧草如紫花苜蓿、红豆草、小冠花等，禾本科牧草如狗尾草、羊草等，谷物类茎叶如大麦、小麦、燕麦等在茎叶青绿时刈割。优质青干草呈绿色、叶片多，适口性好，含有较多的蛋白质、胡萝卜素、维生素D、维生素E及矿物质，是肉羊重要的基础饲料。

干草粗纤维含量20%～30%，所含能量为玉米的30%～50%。粗蛋白质含量，豆科干草12%～20%，禾本科干草7%～10%。钙含量豆科干草如苜蓿1.2%～1.9%，禾本科干草为0.4%左右。干草都含有一定量的B族维生素和丰富的维生素D，谷物类干草的营养价值低于豆科及大部分禾本科干草。绿色均匀、气味清爽、质量好的干草羊喜食，消化利用率高，若干草呈灰褐色、黑棕色，有焦糖味或似烧烟味是因为晒制时雨淋或闷捂过热，质量差，羊不爱吃。为了提高干草的质量，要适时刈割，合理调制，禾本科牧草选在孕穗期及抽穗期，最迟在开花期割完。豆科草在结蕾期或开花初期收割较好。注意尽量减少叶片损失，可采取地面日晒、晒草架风干等干燥办法，若采用烘干设备进行加工效果最好。

(2)秸秆 秸秆指作物籽实收获后的茎秆和残存的叶片，粗纤维含量高达25%～50%，木质素多，一般为6%～12%，消化利用率低。秸秆中粗蛋白质含量仅3%～6%，除维生素D外，其他维生素均缺乏，钙、磷尤其是磷含量很低。虽然这是一类营养价值较低的粗饲料，但可以被羊消化利用，是肉羊养殖不可缺少的粗饲料。为了提高秸秆的利用率，喂前最好采取切短、氨化或碱化等方法加以处理。

(3)秕壳 秕壳是农作物籽实脱壳后的副产品，包括谷实壳、高粱壳、花生壳、豆荚、棉籽壳等，一般来说，营养价值略高于同一作物的秸秆。在荚壳类中豆荚较好，其中含无氮浸出物达42%～50%、粗蛋白质5%～10%，适合肉羊利用。谷类秕壳包括小麦壳、太麦壳、高粱壳、稻壳、谷壳等，营养价值次于豆荚，但数量大、来源广，经碱化、氨化等方法处理后，营养价值提高，可作为肉羊的饲料。棉籽壳含少量棉酚，饲喂时用量应控制在4%以下，并掺配青绿多汁饲料和少量稻草。

22. 秸秆饲料有哪些？如何利用？

秸秆饲料有禾本科秸秆、豆科秸秆、其他秸秆等。禾本科秸秆有高粱秸、玉米秸、麦秸等。豆科秸秆有大豆秸秆、豌豆秸秆、花生秧等。其含粗纤维较高，含蛋白质、脂肪、矿物质较低，但含有一定的糖类。秸秆类饲料粗纤维占40%左右，粗纤维中包括65%～80%的纤维素、16%～32%的木质素和2%～3%的角质素。无氮浸出物占50%左右，其中50%～55%为多缩戊糖，由于其和硅酸结合难于消化，粗蛋白质仅含3%～5%，且生物学价值低。

谷草、玉米秸在干燥与保存条件良好时，饲养价值优于其他禾本科秸秆。豆科作物秸秆如大豆秸秆、绿豆秸秆、豌豆蔓等，含粗纤维近似于禾本科秸秆，但粗蛋白质含量高出1～2倍，钙也较丰富。收获时保存良好的大豆秸秆，叶和荚较多，饲用价值较高。花生秧色泽青绿，粗纤维少，营养价值接近豆科干草。豌豆蔓茎细而柔软，但易被真菌感染而霉烂。甘薯藤含粗蛋白质约11%，无氮浸出物47%，接近品质中等的干草。

秸秆总营养价值虽低，却是羊的基础饲料。秸秆中的主要营养物质需在羊体内消化微生物参与下才能更好利用，为了保持瘤胃微生物区系的生物活性，在饲喂秸秆的同时，要饲喂一定量的碳水化合物，并补充必要的粗蛋白质、矿物质和维生素等。

23. 秸秆类粗饲料加工方法主要有哪几种？

(1)铡切 铡切是加工调制秸秆粗饲料最简便、最常用的方法，是进行其他加工的前处理，秸秆切短后，可减少羊咀嚼秸秆时能量的消耗，同时可减少饲料浪费，提高采食量，喂羊的秸秆一般切成1～2厘米的小段。

(2)粉碎 秸秆经粉碎后，可增加羊的采食量，减少咀嚼秸秆的能量消耗，减少浪费，提高秸秆的消化利用率。喂羊的秸秆粉碎最适宜的长度为0.7厘米左右。如果粉碎过细，羊咀嚼不全，唾液不能充分混匀，秸秆粉在羊胃形成食团，影响反刍，通过瘤胃的速度加快，造成发酵不全，降低消化利用率。

(3)浸泡 浸泡的目的，主要是软化秸秆，提高其适口性，便于羊采食，并可清洗掉秸秆上的泥土及其他杂物。方法是：在100升水中加入食盐3千克，将切碎的秸秆分批在桶内或池内浸泡24小时。饲喂秸秆前，最好用糠麸和精料搭配拌匀再饲喂，并加入

10%～20%优质豆科或禾本科青干草、酒糟、甜菜渣等效果更好。

(4)蒸煮 蒸煮可降低纤维素的结晶度，软化秸秆，增加适口性，提高消化利用率等。

①加水蒸煮法 按切碎的秸秆100千克、饼类饲料2～4千克、食盐0.5～1千克、水100～150升，在锅内蒸煮0.5～1小时，温度为90℃，然后掺入适量胡萝卜或优质青干草，进行饲喂。

②通汽蒸煮法 将切碎的秸秆与胡萝卜混合放入锅内，而在锅下层事先铺好通汽管(管壁布满洞眼)，秸秆上面覆盖麻袋，然后通入蒸汽，蒸20～30分钟，再焖5～6小时，取出后用以饲喂。

(5)打浆 在作物收获时，仍保持着青绿多汁状态的秸秆，适宜打浆，如马铃薯蔓和甘薯蔓等，打浆后可改善适口性，增加采食量，易与其他饲料混拌饲喂。打浆时，先在打浆机内加入少量清水，开机后将青绿多汁的秸秆慢慢投入机槽内，同时向机内加水，秸秆与水的比例一般为1∶1，浆液流入贮料池内，为增加秸秆浆的稠度，可从浆中滤出一部分液体重复使用。

(6)膨化处理 膨化处理要在膨化机内进行，将秸秆、荚壳原料等置于密闭的容器内，加热加压，然后迅速解除压力，使之膨胀的过程。膨化秸秆有香味，可直接喂羊，羊非常喜食，也可与其他饲料混合饲喂。

(7)微波处理 微波处理是利用微波穿透力，裂解粗纤维多糖高聚大分子，使其成为分子较小的低聚物和非结构碳水化合物，从而提高秸秆中粗纤维和碳水化合物的消化率，使秸秆的营养价值提高，有利于羊吸收。微波处理需专用微波炉，设备机动性强，运输方便，加工速度快，可避免碱化、氨化对环境的污染。

(8)揉搓、拉丝 使用秸秆加工专用机械对秸秆类粗饲料进行揉搓、拉丝，提高饲料的适口性，提高羊的采食量和消化利用率。

(9)草颗粒加工 草颗粒是指将粉碎到一定细度的草粉与水充分混合均匀后，经颗粒机压制而成的饲料产品，草颗粒含水量一般在17%～18%，密度约为1 300千克/米^3，成品冷却后即可贮藏。草颗粒的加工工艺，可分为前处理、制粒、冷却和筛分等过程，加工肉羊草颗粒可选用压模孔径3.5～5.5毫米。

24. 青干草加工调制的基本原则是什么?

(1)适时收割 植物青草期比枯草期营养高300多倍、胡萝卜素高15～200倍。青干草加工调制，就是让青草迅速干燥，保存青干草的营养成分，提高羊对青干草的利用率，就要做到适时收割，豆科牧草适宜在初花至盛花期收割，禾本科牧草宜在抽穗期收割，此时养分、产量都比较高。

(2)排除不利因素 牧草收割后初期细胞的呼吸作用、微生物的活动，都要分解营养物质而消耗养分，直至水分降到15%～17%才停止，雨淋会使营养流失而发霉变质，日光暴晒会损坏胡萝卜素和叶绿素，过度干燥会使叶片大量脱落。为了减少营养损失，在调制青干草时一定要设法迅速降低水分，减少日光暴晒和雨露淋洗，并及时进行加工收藏。

(3)灵活选用调制方法 地面晒制法，既可小规模调制，又可大规模调制，晒制时应选择晴好天气，用割机刈割后就地晾晒，2～5天后收贮。机械干制的办法，对南瓜、马铃薯、甘薯等比较适用，即先洗去表面泥土，用切碎机或手工切碎放在芦席上晾晒，或用烘干设备进行加工。

25. 调制青干草主要有哪几种方法?

调制青干草的方法主要有3种，即地面晒制法、草架晒制法和机器干燥法。

(1)地面晒制法 应用最普遍，无论是天然草场，还是人工草场都可用此方法，在牧草收获期选晴好天气，用割草机收割，将牧草均匀地平铺在地面上暴晒，经 2～5 天，若天气晴好、气温高，一般不用翻草，以减少叶片损失，当原料水分降到 38%左右时，聚成高 1 米、直径 1.5 米的小堆，以减少日光对胡萝卜素的破坏，然后再晒 2～3 天，晒干后立即垛起。另一种方法是当水分降到 20%～25%时用拾草机打捆贮藏(见彩照 2-1 至彩照 2-3)。

(2)草架晒制法 适宜多雨潮湿地区和季节，根据当地条件可做成独木架、铁三脚架等不同形式的晒草架，晒草架可做成组合式，任意拆装和调整大小，适于配合机械运输、堆积。

(3)机器干燥法 又称高温干燥法，将收割的牧草放在高温烘干机中快速烘干。因烘干机型号、种类不同，牧草干燥时间也不一样，从几秒钟至数小时，牧草含水量可由 80%～85%降至 10%～14%就可进行贮存。

26. 肉羊的精饲料主要有哪几类？

肉羊的精饲料包括能量饲料和蛋白质饲料两大类。能量饲料如玉米、高粱、小麦、大麦、谷子等，干物质粗纤维低于 18%，同时粗蛋白质低于 20%的饲料。蛋白质饲料如豆科类子实、饼粕类、糟渣类、苜蓿粉等，干物质中粗蛋白质含量 20%以上，粗纤维 18%以下的饲料。

27. 肉羊的蛋白质饲料主要有哪几种？

(1)豆科籽实类 豆科籽实类饲料碳水化合物含量 30%～60%，比谷实类低，但其蛋白质含量丰富达 20%～40%，较禾本科籽实高 2～3 倍，除大豆外，其他豆科籽实脂肪含量较低为 1.3%～2%。而大豆含粗蛋白质约 35%，脂肪 17%，适合作蛋白质补充料。但是大豆中含有抗胰蛋白酶等抗营养物质，喂前需煮熟或蒸炒，以保障蛋白质的消化吸收。

(2)饼粕类 主要包括大豆饼（粕）、棉籽饼（粕）、花生饼（粕）、菜籽饼（粕）等，饼粕类粗蛋白质含量达 20%～45%，粗纤维含量达 6%～17%，所含矿物质一般磷多于钙，且富含 B 族维生素，而胡萝卜素含量较低。

(3)糟渣类 糟渣类是谷实及豆科籽实加工后的副产品，这类饲料含水分多，既可新鲜饲喂，也可经过干燥处理后饲喂。酒糟粗蛋白质占干物质的 19%～24%，碳水化合物 46%～55%；粉渣是玉米或马铃薯制取淀粉后的副产品，粗蛋白质含量较低，但碳水化合物含量较高，折成干物质后能量接近甚至超过玉米，是育肥肉羊的好饲料。

(4)苜蓿粉 苜蓿粉是紫花苜蓿在初花期刈割经调制成干草，再经粉碎而制成，其中粗脂肪 3.5%，粗纤维 16.1%，碳水化合物 49.2%，粗灰分 8.9%，蛋白质 15%～30%，比玉米高 1～3 倍，富含各种维生素，矿物质及多种未知因子，是肉羊配合饲料常用的优质原料之一。

28. 蛋白质饲料的过瘤胃保护方法是什么？

羊是反刍动物，粗蛋白质消化代谢过程与单胃动物有很大区别，进入羊小肠内的蛋白质有两个来源，一种是经瘤胃微生物酵解后又合成的菌体蛋白，另一种是饲料中未经微生物酵解而直接进入小肠的未降解蛋白，又称“过瘤胃蛋白”。为了提高饲料蛋白质的利用率，采用化学调控法、热处理法、食管沟反射、蛋白质包被和氨基酸包被等措施，可产生较好的效果。比较实用的保护方法有以下几种。

(1)甲醛处理 这是应用较广泛的方法，操作时应注意把不同的蛋白质饲料所需甲醛量计算准确，否则形成“过度保护”反而不利于蛋白质饲料的有效利用。一般每 100 千克饼粕加入 0.8 千克甲醛（37％福尔马林溶液），在混合机中混合均匀，甲醛能较好地保护饼粕中的蛋白质不受瘤胃微生物的酵解。

(2)全血处理 利用血粉在瘤胃中降解率低的特点，对蛋白质饲料做包被保护，一般采用畜禽新鲜血液，在宰杀时收集于桶中，每升鲜血加入柠檬酸钠 6.8 克，每 100 千克饼粕加上处理过的血液 150～200 千克，混合均匀，在温度 70℃干燥后，再过 3 毫米筛即可。

(3)氢氧化钠处理 每 100 千克饼粕加入 3 千克 5％氢氧化钠溶液，在混合机中混合均匀 10 分钟，密封贮存 24 小时，晾干即可饲喂。

29. 肉羊的能量饲料主要有哪些？

(1)谷实类 谷实类指禾本科籽实，如玉米、高粱、大麦、小麦等。谷实类含碳水化合物为 40％～70％，是羊补充能量的主要饲料。这类饲料粗纤维含量低，一般在 10％以下，因而适口性好，可利用能量高，粗脂肪含量 3.5％左右，含粗蛋白质 9％～12％，含磷 0.3％，钙为 0.1％左右。一般 B 族维生素和维生素 E 较多，而维生素 A、维生素 D 缺乏，除黄玉米外都缺胡萝卜素。对羔羊和快速育肥肉羊喂谷实类饲料，应注意搭配蛋白质饲料，补充钙、维生素 A 和维生素 D 等。

(2)糠麸类 糠麸类是谷物加工后的副产品，主要包括小麦麸皮、米糠、玉米糠、高粱糠等除碳水化合物外，其他成分都比原粮多，含能量是原粮的 60％左右，含钙少磷多，含有丰富的 B 族维生素、胡萝卜素及维生素 E，糠麸体积大、重量轻，属于蓬松饲料，适口性好，易消化吸收，有利于胃肠蠕动，具有轻泻作用，是育肥肉羊不可缺少的能量饲料。

30. 肉羊饲料加工方法主要有哪些?

(1)粉碎　是将豆科籽实和禾本科籽实等精饲料粉碎成粗粉状或颗粒状。精饲料粉碎后,可以均匀地搭配在混合饲料中,有利于羊对饲料的消化和吸收。粉碎时应根据羊的不同生理时期灵活掌握细度,若粉碎太细适口性反而变差,容易糊口,在胃肠道易形成黏性面团状物,不容易被羊消化吸收,若粉碎得太粗,也影响消化吸收。一般粉碎细度为0.5～2毫米大小的颗粒为宜。精饲料粉碎后,不宜长期保存,夏季1～3天、冬季3～7天内用完为好。

(2)压扁　玉米、高粱等谷物类饲料经热蒸汽热蒸压扁,不但能提高适口性,而且可以提高消化率和饲料转化率,对提高肉羊日增重非常有益。

(3)制粒　一种或几种饲料经配料、混合、粉碎、造粒、冷却等工序,将饲料制成大小均匀的颗粒。用于饲喂各个生长阶段的羊,可有效避免羊挑食,并能提高羊的采食量和消化率。

(4)膨化　饲料在膨化机内受高压作用,经混合、摩擦、挤压、加热、胶合、糊化,原有的结构受到破坏,使饲料成为具有流动性的胶凝状态,被挤压到出口时压力由高压瞬间变成为常压,由高温瞬间变为常温,水分迅速蒸发,内部形成无数微孔,再通过切割、冷却即膨化成型,使饲料中的淀粉利用率提高。

(5)浸泡　对坚硬的籽实用水浸泡,使之软化,有利于羊咀嚼。对粉碎的精料,喂前拌湿,还能防止粉尘呛入气管而致病。浸泡硬质饲料时要注意气温,夏季不宜浸泡油饼类饲料,因为时间延长可使饲料发酸,时间短又泡不透。

(6)蒸煮和焙炒　豆科籽实含毒性物质,菜籽饼含有芥子苷,棉籽饼含有棉酚等,蒸煮或焙炒能使有毒、有害物质受到破坏,从而提高适口性和消化率。禾本科籽实含淀粉比较多，蒸煮或焙炒能使淀粉糖化，变成糊精，产生香味，从而提高适口性和饲料转化率。

(7)切片或切条 对于块根、块茎类，瓜、果类饲料切成片或小条或打成浆，有利于羊采食，同时可提高饲料转化率，防止羊因抢食而造成食管阻塞。

31. 农产品加工后的下脚料主要有哪些？如何利用？

农产品加工后的下脚料主要有小麦麸皮、米糠、高粱糠、玉米皮等，也是一类能量饲料。

(1)麸皮 小麦麸皮的营养价值随出粉率的高低而变化，平均蛋白质15.7%、粗纤维8.9%、脂肪3.9%、总磷0.92%。麸皮质地疏松，容积大，具有轻泻作用，是母羊产前及产后的好饲料，又是育肥羊的常见饲料，配合饲料的用量一般为30%～45%。

(2)米糠 通常是指大米糠，其含粗蛋白质12.8%、粗脂肪16.5%、粗纤维5.7%，是一种蛋白质含量较高的能量饲料，但蛋白质品质较差，除赖氨酸外，其他必需氨基酸含量较低，米糠中磷多钙少，其不饱和脂肪酸含量高，易在微生物及酶的作用下发生酸败而变质，所以不宜久存。

(3)玉米皮 玉米皮粗蛋白质含量9.9%，粗纤维9.5%，磷为0.48%，钙为0.08%，玉米皮质地蓬松，吸水性强，干喂后饮水不足，容易引起便秘，饲喂前应加水拌湿，肉羊配合饲料中用量为10%～15%。

(4)高粱糠 高粱糠粗蛋白质含量8.2%，粗纤维含量9.8%，因含单宁，适口性差，易引起便秘，应限量饲喂。

32. 肉羊的青绿多汁饲料主要有哪些？

肉羊的青绿多汁饲料是指水分含量高达75%～95%的植物性饲料，包括各种牧草，叶菜类，作物的鲜茎叶、块根，瓜果类，水生植物等。共同特点是含粗纤维较少，柔嫩多汁，易消化，营养丰富，维生素含量丰富，可以直接用来喂羊，羊对其中的有机物质消化利用率能达到75%～85%，是肉羊不可缺少的优良饲草。

33. 青绿饲料的营养特性主要有哪些？

(1)蛋白质含量丰富 在一般禾本科鲜草和叶菜中粗蛋白质含量为1.5%～3%，豆科青绿饲料中蛋白质含量为3.2%～4.4%，其中氨化物占氮的30%～60%，羊可利用。青绿饲料的氨基酸组成比较完全，赖氨酸、色氨酸和精氨酸较多，营养价值高。幼嫩的青绿饲料蛋白质含量和消化率较高，生长后期，特别是结籽后则下降；青草茎叶的营养含量上部优于下部，叶优于茎。所以，要充分利用生长期的青绿饲料，收贮时尽量减少叶部损失。

(2)维生素含量丰富 青绿饲料中B族维生素、维生素C、维生素E、维生素K含量较多，胡萝卜素含量高达50～80毫克/千克。但缺乏维生素D和维生素B_6。

(3)是矿物质的良好来源 青绿饲料中钙、磷比较丰富，但各种青饲料的钙、磷含量差异较大。以干物质计算，青饲料的钙含量占0.2%～2%，磷占0.2%～0.5%，豆科植物的钙含量较高，青饲料的钙、磷多集中在叶片内，一般秸秆、糠麸、谷实、糟渣等都缺钙，以这些饲料为主喂羊时要注意钙的补充。

(4)干物质少，能量相对较低 青绿饲料是羊在生长发育、生产过程中重要的饲料来源，但在肉羊育肥期需要补充谷物、饼粕等能量饲料和蛋白质饲料。

(5)含有害成分 萝卜叶、白菜叶等叶菜类含有硝酸盐，堆放时间过长，腐败菌能把硝酸盐还原为亚硝酸盐而引起羊中毒。玉米苗、高粱苗、亚麻叶含氰苷，羊食后在瘤胃中会生成氢氰酸发生中毒，应晒干或制成青贮饲料饲喂。沙打旺营养价值较高，但有苦味，最好与秸秆或青绿饲料混合青贮，或与其他饲草混合饲喂。

34. 多汁饲料的营养特性是什么？

(1)多汁饲料营养丰富 多汁饲料含有碳水化合物、蛋白质、胡萝卜素、B族维生素、维生素C，以及钙、磷、多糖、氨基酸、活性蛋白和多种微量元素等。

(2)多汁饲料含水量高 多汁饲料含水量达70%～95%，松脆可口，容易消化，有机物消化率85%～90%。冬季在以秸秆、干草为主的肉羊日粮中配合部分多汁饲料，能改善日粮适口性，提高饲料转化率。但多汁饲料运输困难，不易保存。

(3)多汁饲料含能量低 多汁饲料的干物质中粗纤维少，一般不超过1%，能量低，具有轻泻与调养作用，对泌乳母羊有催乳作用。

(4)粗蛋白质含量低 粗蛋白质一般只有1%～2%，但生物学价值很高。

(5)各种矿物质和维生素含量差异大 一般缺钙、磷，钾丰富，胡萝卜含有丰富的胡萝卜素，甘薯和马铃薯却缺乏各种维生素。

(6)多汁饲料产量高 生长期相对较短，生产成本低，宜进行轮作。

35. 常用的多汁饲料主要有哪些？

(1)胡萝卜 产量高，耐贮存，营养丰富。胡萝卜大部分营养物质是淀粉和糖类，因含有蔗糖和果糖，多汁味甜。每千克胡萝卜含胡萝卜素36毫克以上，含磷0.09%，高于一般多汁饲料。含铁量较高，颜色越深，胡萝卜素和铁含量越高。

(2)甘薯 产量高，粗纤维少，富含淀粉，能量含量居于多汁饲料之首。甘薯怕冷，宜在13℃左右贮存，有黑斑的甘薯有异味且含毒性酮，喂羊易导致气喘病，严重的会引起死亡。

(3)马铃薯 与甘薯一样，能量含量比其他多汁饲料高。马铃薯含有龙葵素配糖体，在幼芽及未成熟的块茎和贮存期间经日光照射变成绿色的块茎中含量较高，喂量过多可引起中毒。饲喂时要切除发芽部位并仔细选择，以防中毒。

(4)甜菜及甜菜渣 饲用甜菜产量高，含糖5%～11%，喂量不要过多，也不宜单一饲喂。糖用甜菜含糖20%～22%，经榨汁制糖后剩余的残渣叫甜菜渣。甜菜渣中80%的粗纤维可以被消化，所以按干物质计算可看成羊的能量饲料。注意干甜菜渣喂羊前应先用2～3倍量的水浸泡，避免干喂后在消化道内大量吸水引起臌胀致病。

(5)南瓜 南瓜是葫芦科南瓜属1年生蔓生草本植物，适应性强，易管理、产量高，耐贮藏，含有淀粉、蛋白质、胡萝卜素、B族维生素、维生素C和钙、磷及多种微量元素等，其营养丰富，作为多汁饲料使用期长达6～8个月，若将南瓜及南瓜蔓进行深加工可常年饲喂。

36. 树叶类饲料如何开发与利用?

树叶被看成是空中绿色饲料工厂生产的产品，许多树叶都可作为饲料加以利用，其营养丰富，适口性好，易消化吸收，有些经加工调制后，成为蛋白质和维生素饲料源。可作饲料的树叶有刺槐叶、紫槐叶、苹果树叶、杏树叶、杨树叶、桑树叶、香椿叶和松针等。

不同季节采集的树叶营养成分差异很大。桑树叶春、夏、秋季皆可采集，紫穗槐和刺槐叶，北方地区一般在 7 月底至 8 月初采集，最迟不要超过 9 月上旬，松针要在松脂含量较低的春季或秋季采集。对一般树种来说，春季采集的嫩鲜叶的适口性好，营养价值高，夏季的青叶次之，秋季的落叶最差。以刺槐叶为例，春季的粗蛋白质含量为 27.7%，而秋季的只有 19.3%。树叶用于饲喂山羊效果好，绵羊对树叶的消化利用率不高，不宜大量饲喂。

37. 其他饲料有哪些? 如何利用?

其他饲料主要包括调味饲料、调养饲料、维生素饲料、尿素等。调味饲料是为了增加饲料的适口性，增进和提高羊的采食量。调养饲料多用于体质虚弱的产后母羊及配种期的种公羊，除饲喂必需的日粮外，每日加喂鲜鸡蛋 1～2 枚，供给充足的蛋白质以资调养。维生素饲料多用于高产羊或吃奶不足的羔羊，以补充饲料中维生素的不足。尿素主要作为成年羊或育肥羊的补充氮源，对瘤胃功能尚未发育完全的羔羊，以及饲喂大量精料的高产羊，不宜补饲，尿素添加量一般占日粮干物质的 1%，添加量不能过大。

38. 饲料添加剂分为哪几种类型？

饲料添加剂是指人们为了强化饲料日粮的全能性，提高动物对饲料的利用率，增进健康，促进生长速度加快，减少饲料贮存期的营养损失，提高羊的食欲等在日粮中添加的各种少量或微量成分。这些成分一般分为两大类，见下图。

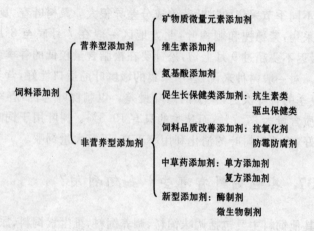

- 饲料添加剂
  - 营养型添加剂
    - 矿物质微量元素添加剂
    - 维生素添加剂
    - 氨基酸添加剂
  - 非营养型添加剂
    - 促生长保健类添加剂：抗生素类、驱虫保健类
    - 饲料品质改善添加剂：抗氧化剂、防霉防腐剂
    - 中草药添加剂：单方添加剂、复方添加剂
    - 新型添加剂：酶制剂、微生物制剂

39. 饲料贮存应注意哪些问题？

(1)控制含水量 为便于贮存，饲料的含水量应在12%以下，防止地面潮湿，引起饲料发霉变质。

(2)贮存环境 要求贮存饲料的库房要干净卫生、干燥、通风，地面在建设时做好防潮处理，堆放饲料前先在地面铺上垫木或饲料袋，饲料要堆放整齐，饲料与库房墙壁距离10～30厘米。

(3)添加防霉剂 常用的防霉剂有丙酸钠、丙酸钙和醋酸钠等，用量根据保存期长短、含水量高低灵活确定。

(4)缩短贮存期 周密制定羊场用料计划，尽量缩短饲料在库房贮存时间。

(5)防止虫、鼠害 采取有效方法杀虫、灭鼠、防鸟等，建库房时应选用抗虫害、鼠害的新材料，科学设计和施工。

(6)饲料不能与兽药等一起贮存 以免造成饲料抗生素污染，导致抗生素超标。

40. 牧草栽培的基本要求是什么？

(1)整地

①耕地 深耕20～25厘米，使土层翻转、松碎和混合，从而使耕层土壤结构发生变化，耕地要适时，掌握好土壤含水量。

②耙地 用钉齿耙或圆盘耙将地耙平，破碎土块，耙实土层，保持土壤水分，耙出杂草根茎等。在土质较轻松，可以不耙地而直接耱地。

③耱地 在耙地之后用耱耱碎土地，平整地面，利于保墒，为播种准备良好的土壤条件。

④镇压 可压碎土块，使土壤变紧，平整。在干旱、多风的地区和季节，愈是疏松的土壤，水分损失愈快，镇压可以减少土壤中的大孔隙从而减少水的扩散，起到保墒的效果。

⑤中耕 主要目的是疏松表层土壤、保蓄水分和消灭杂草。

⑥开沟、开畦做垄 有利于排水，避免牧草受涝，有条件灌溉时，也应做畦以便灌溉。

(2)施肥

①根据牧草的需要量施肥 牧草种类不同，需肥量也不一样。禾本科牧草需氮肥较多，应以氮肥为主，配合施用磷、钾肥。豆科牧草则应以磷肥为主，也需要少量氮肥，尤其是在幼苗期根瘤尚未形成时，施用少量氮肥，可促进幼苗生长，钾肥亦需适当配合施用。

②根据土壤肥力施肥　沙质土壤肥力低，保肥力差，应多施有机肥作基肥，化肥应少施、勤施。黏质土壤或低洼地水分较多的土壤，保肥能力较强，有机质分解慢，肥效也较慢，前期多施速效肥料。

③根据土壤水分状况施肥　干旱季节，土壤水分不足，施用化肥就要结合降雨或灌溉，否则会发生“烧苗”。土壤水分过多，应适当施用肥效较快的化肥，以利于牧草迅速吸收。

④根据肥料的种类和特性施肥　耕地前应施用腐熟好的有机肥。肥效较长的，在土壤中不易流失，可作基肥，如过磷酸钙、草木灰等；肥效较短的，易被牧草吸收，可以作为追肥，如硫酸铵、碳酸氢铵等。

⑤施肥方法正确　施肥的方法有撒施、条施、穴施。根据牧草生长的需要、肥料的种类，采用不同的方法进行。有机肥或长效化肥在播种前作基肥，采用撒施；种肥在播种时与种子同时施用，采用条施、穴施；追肥在牧草生长发育期内施用，主要用速效的化肥，采用撒施、条施、穴施。

(3)种子处理

①去壳、去芒　有荚壳的种子发芽率低，在播种前要进行去壳、去芒处理。

②选种　将成熟度不好的种子、其他杂草种子及各种杂质等清除掉。

③浸种　豆科牧草浸种 12～16 小时；禾本科牧草浸种 1～2 天，期间应换水 1～3 次。浸种后置阴凉处，每隔 3～5 小时翻动 1 次，过 1～2 天，种子表皮风干，即可播种。

④消毒　就是用药剂拌种预防通过种子传播病虫害。

⑤摩擦　硬实种子有一角质层，水分不易渗入，影响发芽，需要擦破种皮。处理方法可用石碾碾压或摩擦机摩擦，也可在种子中掺进沙子搅拌，或在砖地轻轻摩擦使种皮发毛。

⑥拌种　用根瘤菌剂拌种，以利幼苗早期形成根瘤。

(4)播种

①播种期　牧草播种与其他农作物播种一样，春播、夏播、秋播均可，要不误农时，适时趁墒播种。

②播种深度　一般以2～3厘米深为宜，豆科牧草宜浅播，禾本科牧草可适当深播。土壤墒情好、整地质量高可适当浅播，土壤墒情较差、整地质量不理想可适当深播。

③播种方式　播种方式有条播、点播和撒播等。条播行距一般20～30厘米，条播深度均匀，出苗整齐，又便于中耕除草、施肥和田间管理等。点播一般行距20～30厘米，株距10～15厘米，适于在陡峭的山坡荒地上播种，优点是节约种子，缺点是费工、费时。撒播是在整地后用人工或撒播机把种子撒播地表，撒后浅耕或旋地，然后耱平。

④播种量　播种量要根据牧草的生物学特性，栽培用途(收草或采种)，种子大小，种子品质，土壤肥力，整地质量，播种深度，播种方法，播种时期，以及播种时的气候条件等因素来决定。

⑤牧草混播　禾本科牧草含碳水化合物较多，粗蛋白质含量较低，而豆科牧草粗蛋白质较多，两者混播，群众称为“种禾草”，饲草品质高适口性好，羊喜食，混播可避免单纯豆科牧草放牧，引起羊的臌胀病。豆科牧草不宜青贮，与禾本科牧草混播后可以制成优质青贮饲料。豆科牧草根系较深，可以吸收大量的钙，禾本科牧草有大量须根分布在耕作层内，增加土壤有机质，从而提高土壤保水保肥能力。

(5)田间管理

①中耕除草　中耕应在幼苗期进行，以消灭苗期杂草。多年生人工草地应在早春进行，刈割后要根据杂草生长状况进行中耕除草，深度苗期宜浅，以后可稍深。消灭杂草，宁早勿晚，除了采用中耕机具除草外，也可以用除草剂等化学方法防除杂草。

②灌溉与排水　禾本科牧草从分蘖到开花前、豆科牧草从现蕾到开花前需水量最大，应灌溉1～2次。1年刈割多次的牧草，应在刈割后及时灌溉，冬季上冻前浇1次水，有利于牧草的安全越冬和第二年返青生长。在多雨季节，应挖好排水沟及时排水。

③病虫害防治　牧草对病虫害抵抗的能力较强，病虫害的发生也较一般作物少。牧草的病害有细菌引起的，如苜蓿枯萎病；有真菌引起的，如三叶草的霜霉病；有病毒引起的，如苜蓿花叶病；还有寄生生物引起的，如菟丝子病和线虫病等，这些都属于侵染性病害。病虫害防治坚持“预防为主，综合防治”，发现后及时采取有效措施进行治理。

41. 紫花苜蓿的营养特性及利用方法是什么？

紫花苜蓿被称为牧草之王（见彩图2-4），为豆科苜蓿属多年生直立型草本植物，主根入土很深，侧根部共生根瘤菌，生长最适宜温度15℃～28℃，耐寒能力较强，管理措施得当，可利用10～12年，播种后第三年进入高产期，可持续3～5年，株高0.9～1.4米，全株叶片重占到总重的45%～50%，每667米^{2}产鲜草2 000～5 500千克，干草400～800千克，草质优良，适口性好，营养丰富，最佳期收获的紫花苜蓿干物质中粗蛋白质为21.9%，粗脂肪为3.5%，粗纤维为16.1%，碳水化合物为49.2%，粗灰分为8.9%。

用鲜苜蓿饲喂羊，羊喜食，增重快，但因苜蓿茎叶中含有皂素，在单纯饲喂羊易引起瘤胃臌气，严重时可使羊死亡，因此不应单独饲喂。紫花苜蓿鲜喂，肉羊每日用量1.5～3千克，晒制青干草，应有3～5天的连续晴天，当水分降至20%左右时打捆后收贮，紫花苜蓿也可放牧和青贮，青贮一般采用单独青贮或与禾本科牧草或与农作物秸秆混合青贮。紫花苜蓿用于青饲或调制干草应在初花收割，割茬要低，有利于再生，花盛后收割，不但产量降低，而且使品质降低，使养分损失；紫花苜蓿又可加工成系列产品，如青干草、苜蓿粉、苜蓿饼等。

42. 青贮玉米的营养特性及利用方法是什么？

这里指墨西哥专用青贮玉米，为禾本科玉米属1年生草本植物，为喜温作物，须根发达，茎秆粗壮，直立，丛生，株高2～3米，生长最适温度24℃～26℃，单株鲜重750克以上，风干物中干物质含量86%，粗蛋白质为13.8%，粗脂肪为2.1%，粗纤维为30.2%，碳水化合物为72%，营养高于普通玉米。墨西哥玉米茎叶柔嫩，鲜喂清香可口，营养全面，羊喜食，在良好的栽培条件下，乳熟到蜡熟期收获，每667米^{2}产量可达5 000～10 000千克，是青贮的最佳原料，同时还可晒制青干草，为羊越冬的优质饲草。

43. 沙打旺的营养特性及利用方法是什么？

沙打旺是豆科黄芪属多年生草本植物，植株丛生高大，株高1～1.5米，主根入土很深，根上生有大量根瘤菌，喜温耐旱耐寒，喜沙质土壤。沙打旺防风固沙、保持水土能力强，不耐潮湿和水淹，对土壤有很强的适应性，宜在各种退化草场退耕地种植，是农区、半农区建设人工草场的理想草种。沙打旺营养丰富，花期干物质含量为25%，粗蛋白质15.1%，粗纤维38.4%，钙0.48%，磷0.19%，各种氨基酸含量也很丰富。

沙打旺花期晚，作为青饲应在株高50～80厘米或每生长50～60天收割1次，1年收割2～3次，每667米^{2}产鲜草达3 000～6 000千克。沙打旺鲜喂必须采取铡切等方法，也可与青贮玉米或禾本科牧草混合制作青贮饲料，沙打旺还可制作青干草，还可用于放牧。

44. 甜高粱的营养特性及利用方法是什么？

甜高粱为禾本科高粱属1年生草本植物，根系发达入土深，茎干直立，株高3～5米。耐旱能力强，耐涝、耐盐碱，适应性广泛，最适生长温度20℃～35℃，该草生长快，产草量高。甜高粱营养丰富，无氮浸出物一般可达40%～50%，粗蛋白质11%～15%，可消化率56%～64%，茎秆糖分含量高，在成熟时干物质含糖量达35%，每667米^{2}产量可以达到5000～10000千克，各种养分含量均优于玉米。

甜高粱茎秆含糖量高，远远超过玉米茎秆，制成的青贮饲料酸甜，且有酒香味，适口性好，羊喜食，可有效提高羊肉产量和质量。甜高粱可放牧、可鲜喂、可青贮，又可调制青干草。鲜喂时必须进行加工，如铡碎、拉丝等，甜高粱无论是鲜喂，还是用作青贮，其效果比玉米好，是青贮主要原料。

45. 饲料南瓜的营养特性及利用方法是什么？

南瓜是葫芦科南瓜属1年生蔓生草本植物，适应性强，种植技术简单、易管理、产量高，每667米^{2}产3000～7000千克，作为多汁饲料使用期长达6～8个月。据测算4千克南瓜中的主要营养成分与0.5千克精饲玉米的营养成分基本相同，重要的是南瓜中维生素、生物活性成分等远远高于常规饲料，将南瓜及南瓜蔓作为养殖肉羊的饲料来开发和利用，不但可节约饲料成本，而且给羊补充了维生素、矿物质等，可提高羊的抗病能力。

南瓜若鲜喂应随采随用，若贮藏应采收成熟度好的老南瓜，采收后存放于通风、阴凉的室内，温度10℃～20℃，空气相对湿度60%～75%，一层草帘（麦草）一层南瓜，堆放高度不能超过1米，除鲜喂外也可采用切片、干燥、粉碎等工艺制加工成粉状饲料，常年饲喂。鲜喂每天每只成年羊用量不超过1～2.5千克，过量易引发腹泻，羔羊以熟喂效果最佳，饲喂时应逐步增加喂量。

46. 黑麦草的营养特性及利用方法是什么？

黑麦草为禾本科黑麦草属1年生或多年生草本植物，密丛生，株高30～100厘米，喜湿润气候，不耐严寒和炎热，15℃～25℃的气温条件最为适宜，当麦穗呈黄绿时应收割，种子成熟后易落粒，茎叶干物质中含粗蛋白质4.93%，粗脂肪1.06%，碳水化合物4.57%，粗灰分14.8%，钙0.075%，磷0.07%。黑麦草生长迅速，产量高，秋播次年可收割3～5次，每667米^{2}产量4 000～5 000千克，在良好水肥条件下，每667米^{2}产量可达7 500千克以上。播种45～50天后即可割第一次草，第一次割草时无论其长势好坏均须刈割，留茬不能低于3厘米，以利分蘖。以后视牧草长势情况，每隔20～30天收割1次。

黑麦草可以放牧，也可以青饲，喂前应铡碎，同时也可调制青干草或青贮。适宜刈割期：鲜喂为孕穗期或抽穗期；调制青干草或青贮为盛花期；放牧宜在株高25～30厘米时进行。

47. 三叶草的营养特性及利用方法是什么？

三叶草属于多年生豆科植物，根部长有大量的根瘤菌，固氮能力较强，可以有效提高土壤肥力，抑制其他杂草生长，三叶草喜温暖湿润气候，生长最适温度为15℃～25℃，适宜年降水量为600～850毫米，三叶草喜光、耐寒、耐阴，能在30%透光率的环境下正常生长，对干旱很敏感，气温38℃以上久旱天气，茎叶枯萎甚至死亡，对土壤要求不严，耐酸性强，在pH值4.5的土壤上也能生长，可以在我国许多地区生长。当三叶草高度长到20厘米左右时进行收割，每年可收割鲜草3～4次，一般每667米^{2}产量为3 000～4 000千克，收割时留茬不低于5厘米，以利再生，人工草地的利用年限，一般为3～7年。用作刈割利用的适宜期为初花期至盛花期，留茬高度2～3厘米，以利再生，混播草地还应视其他牧草适宜刈割期而定。在干物质中含粗蛋白质18.1%～28.7%、粗脂肪3.4%、粗纤维12.5%，可溶性碳水化合物40.4%、矿物质28.7%、钙0.9%、磷0.3%，为养羊的优质饲草。三叶草草质柔嫩，叶量丰富，适口性极好，营养价值属豆科牧草之冠，羊喜食，应与禾本科牧草搭配，以防发生臌胀病，搭配比例，禾本科牧草占50%～60%。

三叶草不需加工可直接鲜喂，也可选择晴好天气晒制青干草。用于放牧利用的，要在分枝盛期至孕蕾期，或草层高度达20厘米时开始，高度在5～8厘米时结束放牧，每次放牧后，应停牧2～3周，以利再生。在晒制青干草时，干燥后及时堆垛贮存，避免雨淋。

48. 青贮饲料的作用有哪些？

(1)最大限度地保持青绿饲料的营养成分 一般青绿饲料在成熟和晒干之后，营养价值降低30%～50%，但在青贮过程中，由于密封厌氧，物质的氧化分解作用微弱，养分损失仅为3%～10%，从而使绝大部分养分被保存下来，特别是在保存蛋白质和维生素(胡萝卜素)方面要远远优于其他保存方法。

(2)提高适口性 好的青贮饲料鲜嫩多汁，使原料的水分得以保存，青贮料含水量一般为65%～70%。同时，在青贮过程中由于微生物发酵作用，产生大量乳酸和芳香物质，更增强了羊的适口性和消化率，良好的适口性，羊喜欢采食。此外，青贮饲料对提高肉羊日粮内其他饲料的消化率也有良好作用。

(3)调剂青饲料供应的不平衡 由于青饲料生长期短，老化快，受季节影响较大，很难做到一年四季均衡供应。而青贮饲料一旦做成可以长期保存，保存年限可达2～3年或更长，因而可以弥补青饲料利用的时差之缺，做到营养物质全年均衡供应，而且解决了秋冬饲草的匮乏，既可以节约饲料成本，又可使秸秆通过青贮喂羊实现过腹还田，促进农业良性循环，是发展节粮型养殖的重要方式。

(4)净化饲料、保护环境 青贮能杀死青饲料中的病菌、虫卵，破坏杂草种子的再生能力，从而减少对羊的危害。另外，秸秆青贮使长期以来焚烧秸秆的现象得到有效控制，使这一资源变废为宝，减少了对环境的污染。基于这些特性，青贮饲料作为肉羊的基础饲料，已越来越受到重视。

49. 青贮对原料有什么要求?

(1)适当的含水量 水是微生物正常活动的重要条件，水分过低，影响微生物的活性，另外也难以压实，造成好气性细菌大量繁殖，使饲料发霉腐烂；水分过多，糖浓度低，使有害微生物酪酸菌的活动加快，易造成结块，青贮饲料品质变差，同时植物细胞液汁流失，养分损失大。青贮时对水分过多的饲料，应稍晾干或添加干饲料混合青贮。青贮原料含水量60％～70％时最适宜，不同原料含水量略有不同，应灵活掌握，豆科牧草含水量60％～70％为宜，质地粗硬原料含水量以78％～80％为好，幼嫩、多汁、柔软的原料含水量以60％为宜，均不宜过低或过高。判断含水量是否合适的方法是，用手抓一把铡短的原料，轻揉后用力握，手指缝中出现水珠但不成串滴出，说明含水量适宜，无水珠则含水分少，应均匀洒清水或加入含水量高的青饲料；若手指缝中成串滴出水珠，说明含水量过高，青贮时需要加入适量干草或麸皮等吸收水分。

(2)青贮原料的含糖量要高 含糖量是指青贮原料中易溶性碳水化合物的含量，这是保证有益微生物乳酸菌大量繁殖，形成足量乳酸的基本条件。青贮原料中的含糖量至少应为鲜重的1%～1.5%。应选择碳水化合物含量较高、蛋白质含量较少的原料，豆科牧草含糖量少，含粗蛋白质多，不宜单独作青贮原料，应与含糖量高的禾本科牧草按1∶2比例混贮，每1吨豆科牧草与1吨带穗玉米秸秆或每3吨豆科牧草与1吨青高粱秸秆混贮。

(3)青贮原料装窖前必须铡短 质地粗硬的青贮原料，如玉米秸秆等以2～3厘米长度为宜。柔软的青贮原料，如藤蔓类以3～4厘米长度为宜。

50. 常用的青贮原料主要有哪些？

青刈带穗玉米。乳熟期整株玉米含有适宜的水分和糖分，是制作青贮的最佳原料。

玉米秸秆。收获成熟的玉米后秸秆仍有1/2的绿色叶片，适于青贮。若部分秸秆发黄，3/4的叶片干枯视为青黄秸秆，青贮时每100千克原料需加水5～15升。

甘薯蔓。应及时调制，避免霜打或晒成半干状态而影响青贮质量。

白菜叶、萝卜缨等。菜叶类含水分70%～80%，最好与干草粉或麸皮混合青贮。

51. 青贮饲料制作的基本原理是什么？

青贮饲料经过压实密封，造成缺氧环境，有益微生物乳酸菌发酵分解糖类后，产生的二氧化碳进一步排除多余空气，乳酸菌发酵产生的乳酸使得饲料呈弱酸性(pH值3.5～4.2)能有效地抑制原料内其他有害微生物生长和繁殖。最后，乳酸菌也被自身产生的乳酸抑制，发酵过程停止，原料进入稳定储藏状态，但此时原料中的糖分等营养成分损失仅是很小一部分。

52. 青贮饲料的制作方法是什么？

(1)适时刈割 青贮原料过早刈割，水分多，不宜贮存；过晚刈割，营养价值降低。收获玉米后的玉米秸秆不应长期放置，宜尽快青贮，禾本科牧草类在抽穗期、豆科牧草类在孕蕾及初花期刈割。

(2)原料调制 选晴好天气进行，在短时间内收、运到青贮地点，不要长时间在阳光下暴晒，运输、切铡过程中要尽量减少原料的叶片、花序等细嫩部分损失。装填时要逐层铺平、压实，特别是容器的四壁与四角要压紧，尽量当天装完，防变质与雨淋。

(3)土窖(壕)青贮法 先在窖底铺一层10厘米厚的干草，四壁衬上塑料薄膜(永久性窖不铺衬)，然后把铡短的原料逐层装入压实。由于封窖数天后，青贮料会下沉，最后一层应高出窖口0.5～0.7米。原料装填完毕后，先用塑料薄膜覆盖，然后用土封严，四周挖排水沟。也可以先在青贮料上盖15厘米厚的干草，再盖上70～100厘米厚的湿土，窖顶做成隆凸圆顶，封顶后2～3天，在下陷处填土，使其紧实隆凸。

(4)青贮塔青贮法 把铡短的原料迅速用机械送入塔内，利用其自然沉降将其压实，原料装填完毕后，在原料上面盖塑料薄膜，然后压上余草。

(5)塑料袋青贮 将铡短的原料及时装入塑料袋内，逐层压实，尤其注意四角要压紧。原料装填完毕后，应及时排出空气，封严袋口，分层堆积，重物镇压。

(6)地面堆贮 先按设计好的堆形用木板隔挡四周，地面铺一层10厘米厚的潮湿麦秸，然后将铡短的原料装入，并随时踏实，达到要求高度后拆去围板。事先按堆料面积剪裁并用黏合剂黏合整片塑料薄膜,及时覆盖原料,周围用土压紧防止漏气,并修好排水沟。

53. 青贮饲料的品质鉴定标准是什么?

主要做感官鉴定,有条件时可做实验室鉴定。感官鉴定根据色、香、味和质地来判断。优等青贮饲料呈绿色或黄绿色,有光泽,芳香味重,给人以舒适感,质地松柔,湿润,不粘手,茎、叶、花能分辨清楚。中等青贮饲料呈黄褐色或暗绿色,有刺鼻醋酸味,芳香味淡,质地柔软,水分多,茎、叶、花能分清。低等青贮饲料呈黑色或褐色,有刺鼻的腐败味,霉味,腐烂、发黏、结块或过干,分不清茎、叶、花。劣质青贮饲料不要饲用,以防消化道疾病。

实验室鉴定是用 pH 试纸测定青贮饲料的酸碱度,pH 值在 3.8～4.2 为优质,pH 值在 4.2～4.6 为中等,pH 值越高,青贮饲料质量越差。测定有关酸类含量也可判定青贮饲料品质,在品质优良的青贮饲料里,含游离酸 2%,其中乳酸占 1/2,醋酸占 1/3,酪酸不存在。

54. 青贮饲料的取用方法是什么?

青贮饲料制作完成 45 天后即可开始取用,清除青贮窖或塔全部覆盖物由上而下取用,每次取用的厚度不应小于 5 厘米,取出后当天喂完,不可在外堆放,每次取用后随手封严,尽量减少青贮饲料与空气接触,防止暴晒、雨淋等。

给羊饲喂青贮料时,喂量由少到多,先与其他饲料混喂,使其逐渐适应,羊每只每天可喂 1.5～2.5 千克。过去认为妊娠初期应少喂,妊娠后期停喂,但是近年人们发现,用青贮饲料特别是优质青贮饲料喂妊娠母羊，同时补加精料，可以改进母羊繁殖性能。妊娠母羊喂青贮饲料最好加温，切忌喂带冰碴、霉烂变质的青贮饲料，若青贮饲料酸味太大，可每 100 千克加入 3%～5%石灰乳 10～20 千克中和。

55. 特殊青贮的方法有哪几种？

(1)低水分青贮 又称半干青贮，干物质含量比一般青贮饲料高 1 倍以上，无酸味或微酸，适口性好，色深绿，养分损失少。利用低水分青贮技术解决了豆科牧草单独青贮不易成功的问题。制作时要使青饲料原料尽快风干，一般应在收割后 24～30 小时，豆科牧草含水量达到 50%左右，禾本科牧草达到 45%左右，原料在这种低水分状态下装窖、压实、封严。

(2)加尿素青贮 为了提高青贮饲料的粗蛋白质含量，满足肉羊对粗蛋白质的要求，可以在青贮原料中添加相当于原料 0.5%左右的尿素。添加方法是：原料装填时，将尿素制成水溶液均匀喷洒在原料上。

(3)加酸青贮 加入适量酸类，能进一步抑制腐败菌和霉菌的生长。常用的添加物有：甲酸。禾本科牧草添加 0.3%，豆科牧草添加 0.5%，一般不用于玉米青贮；苯甲酸。一般先用乙醇溶解后，按青贮原料的 0.3%添加；丙酸。按青贮原料的 0.5%～1%添加。

(4)添加甲醛青贮 可以有效地抑制杂菌，防止青贮原料在青贮过程中的霉变。每吨青贮原料中添加 85%甲醛 3～7 千克，青贮过程中无腐败菌活动，干物质损失减少 50%，消化率提高 20%左右。

(5)添加乳酸菌青贮 接种乳酸菌促进乳酸发酵，增加乳酸含量，保证青贮质量。一般每吨青贮原料加乳酸菌培养物 0.5 千克或乳酸菌剂450克。

(6)添加酶制剂青贮 在青贮时可以用淀粉分解酶和纤维素分解酶，把淀粉和纤维素分解成单糖，从而促进乳酸菌发酵。在青贮苜蓿时加入鸡尾酒酶，可使青贮原料的pH值由5.38降到4.1，每千克干物质中乳酸含量由57克提高到151克，苜蓿、红三叶草添加0.25%黑曲酶制剂青贮，与普通青贮相比，纤维素减少29.1%～36.4%。

(7)添加营养物青贮 直接在青贮过程中添加各类营养物，能提高青贮的饲用价值，在玉米青贮中添加0.3%～0.5%磷酸钙，能补充钙、磷。

56. 秸秆氨化方法及技术要点是什么？

秸秆氨化可以破坏木质素与半纤维素的结合，提高粗纤维和各种营养成分的消化利用率，改善秸秆质地，使秸秆含氮量增加1～1.5倍。秸秆经氨化处理后，肉羊对氨化秸秆的有机物消化率、采食量、能量利用效率提高，节省精饲料消耗。

(1)原料要求 小麦秸秆、玉米秸秆、稻草等铡短至2～3厘米，秸秆原料含水量要求20%～40%。

①液氨 市售通用液氮，氨瓶或氮罐装运。

②氨水 无毒，无杂质，含氮量15%～25%。用胶皮袋、塑料桶等密闭容器运装。

③尿素 市售农用尿素，含氮量46%，塑料袋密封包装。

(2)操作方法与步骤

①堆贮法 用0.08～0.2厘米厚透明乙烯塑料薄膜10米×10米、6米×6米各1块，秸秆2 200～2 500千克。在向阳、高燥、平坦场地，将6米×6米塑料薄膜铺于地面，在上面垛秸秆，草垛底面面积5米×5米，高度2～2.5米。原料水分含量不够时边码

垛边均匀地洒水，使秸秆含水量达到30%左右。草垛码到0.5米处，于垛上面分别平均放直径10毫米、4米长的硬质塑料管2根，在塑料管前端2/3长的部位钻一些2～3厘米的小孔，以便充氨，后端露出草垛外面约0.5米，通过胶管接上氨瓶，用铁丝缠紧。

堆完草垛后，用10米×10米塑料薄膜盖好，四周余0.5～0.7米，在垛底部用一长杠将四周余下的塑料薄膜上下合在一起卷紧，以石头或土压紧，唯输氨管外露。按秸秆重量3%的比例向垛内缓慢输入液氨，输氨结束后，抽出塑料管，立即将余孔堵严。注氨密封处理后，经常检查塑料薄膜，发现破孔立即用塑料黏胶剂粘补。

②**窖贮法** 用土窖或水泥窖，深不应超过2米。长、方、圆形均可，四壁光滑，底微凸（蓄积氨水）。以长5米、宽5米、深1米的方形土窖为例介绍，土窖内先铺一块8.5米×8.5米的塑料薄膜。将含水量10%～13%的铡短秸秆填入窖中，装满窖后覆盖6米×6米塑料薄膜，留出上风头一面的注氨口，其余3边上、下2块塑料薄膜压角部分（约0.7米）卷成筒状后压土封严。氨水用量按3千克÷氨水含量计算，注氨水前，将注氨管插入秸秆，打开开关注入，也可用桶喷洒，注完后抽出氨管，封严。

③**小垛法** 铺2.6米^{2}塑料薄膜，取3～4千克尿素，加水30升，将尿素溶液均匀喷洒在100千克麦秸（或铡短的玉米秸）上，堆好踩实，最后用塑料布盖好封边，越严越好。

④**缸贮法与袋贮法** 加尿素水溶液喷洒、拌草方法与小垛相同，然后装缸或装于塑料薄膜袋中，注意密封严，不漏水，不漏气。

(3)密封反应时间与成熟度 密封反应时间应根据气温并结合感官来确定。环境温度30℃以上7天，5℃～30℃ 10～60天，5℃以下60天以上。处理良好的秸秆，色泽为褐黄色或棕色，气味糊香，质地柔软。

(4)放氨 根据氨化天数，并参看秸秆颜色为褐黄色即可开垛

(窖、缸、袋)放氨,经自然通风将氨味全部放掉才能喂用,一般需2~5天。如暂时不喂可不必开封放氨,放氨后如果一时喂不完,要保存起来可重新堆垛,防止霉烂。

(5)饲喂 喂前必须将氨味完全放掉,呈糊香味时可喂羊,饲喂时由少到多,少给勤添。刚开始饲喂时,可与青干草、精料等搭配喂,7天后即可全部喂氨化秸秆。

57. 秸秆碱化方法及技术要点是什么?

(1)氢氧化钠处理法 将秸秆铡成2~3厘米小段,每100千克干秸秆用1.5%~2%氢氧化钠溶液6千克,使用喷雾器均匀喷洒,使之湿润,24小时后,再用清水把余碱洗法。饲喂时把碱化秸秆与其他饲料混合饲喂用,用量占日粮的20%~40%。

(2)生石灰处理法 每100千克干秸秆用3千克生石灰或4千克熟石灰、1~1.5千克食盐,加水200~250升制成溶液。把石灰液喷洒在切碎的秸秆上,拌和均匀,然后放置24~36小时,不经冲洗即可饲喂。

(3)氢氧化钠和生石灰混合处理法 秸秆铡碎平铺成20~30厘米厚,喷洒1.5%~2%氢氧化钠和1.5%~2%生石灰混合溶液,然后压实,再重新依次铺放秸秆,并再次喷洒混合溶液。经过1周后,秸秆内温度达到50℃~55℃,经过处理的秸秆粗纤维消化率可由40%提高到70%。

(4)氢氧化钠尿素处理法 这种方法既可以提高秸秆有机物的消化率,又可以增加秸秆中的含氮量。秸秆用2%氢氧化钠溶液处理,然后加3%尿素拌匀。经混合处理的麦秸和稻草饲喂羊时占日粮的比例一般不超过35%。

58. 秸秆微贮的要点是什么?

微贮秸秆成本低、效益高,同等条件下喂羊的效果优于秸秆氨化饲料,秸秆微贮饲料可随取随喂,不需晾晒,无毒无害,安全可靠,可长期饲喂。在农作物秸秆中,加入高效活性菌(秸秆发酵活干菌)贮藏,经一定发酵过程使农作物秸秆变成具有酸、香味的饲料。一般将用微生物发酵处理后的秸秆称为微贮秸秆饲料。其原理是:秸秆在微贮过程中,在适宜的温度和厌氧条件下,由于秸秆发酵菌的作用,秸秆中的半纤维素被酶解变柔软多汁,使羊瘤胃微生物能直接与其接触,从而提高粗纤维的消化率。同时,在发酵过程中,部分木质纤维素类物质转化为糖类,糖类又被有机酸发酵菌转化为乳酸和挥发性脂肪酸,使 pH 值降到 4.5～5,抑制了有害菌的繁殖,使秸秆能够长期保存不坏。秸秆微贮除需进行菌种复活和菌液配制外,其他步骤和尿素氨化秸秆制作方法基本相同。

(1)菌种的复活 将 1 袋发酵活干菌 3 克倒入 2 升水中,充分溶解,在水中加白糖 20 克以提高菌种复活率,可处理秸秆 1 吨。然后常温下放置 1～2 小时使菌种复活,再将菌液倒入 0.8%～1%食盐水 1 000～1 200 千克中搅匀备用,复活好的菌剂要当天用完。

(2)贮存 用于微贮的秸秆长度 2～3 厘米,含水量 60%～70%。在窖底铺放 20～30 厘米厚的秸秆,均匀喷洒菌液,压实后,再铺放 20～30 厘米厚的秸秆,均匀喷洒菌液,如此重复,直到高出窖口 40 厘米再封口。为提高微贮饲料的质量,在装窖时可以铺一层秸秆撒一层麸皮、米糠等养料。每 1 000 千克秸秆加 1～3 千克麸皮、米糠等,为微生物在发酵初期提供一定的营养物质。秸秆装满压实后,在最上面一层均匀撒上一些食盐,再盖上塑料薄膜,薄膜上面撒上 20～30 厘米厚的稻草、麦秸或杂草,覆土 15～20 厘米厚，保证窖内呈厌氧状态。秸秆微贮后，窖内贮料慢慢下沉，要经常注意检查是否漏水、漏气，发现问题及时排除，秸秆在窖内经21～30天即可完成发酵过程。品质优良的微贮秸秆呈黄褐色，具有醇香和果香气味，手感松散、柔软湿润。

(3)取用和饲喂 开窖取用要从一角开始，从上到下逐渐取用，每次取用量应以当天羊的饲喂量为准，取用后要封严，以免引起变质。微贮秸秆可以作为羊的主要饲料，饲喂时与其他草料搭配，也可以与精料同喂。开始喂羊应循序渐进，逐步增加饲喂量，当羊完全适应后，可任其自由采食，饲喂量一般每日每只1.5～2.5千克。

59. 肉羊的饲养标准是什么？

羊的饲养标准又称羊的营养需要。根据羊的不同用途，不同生理时期，不同体重，通过试验和实际经验总结，科学地制定羊每天应该给予的营养物质数量。采用饲养标准养羊，是一种科学的饲养方法。它不但可以保证羊的健康，提高羊的各种生产性能，而且节省草、料，降低成本，提高养羊效益。制定和应用饲养标准是高效养羊的前提之一，而且随着生产与科技水平进步应进行不断的补充和完善。

60. 天然草场、人工草场利用的方法是什么？

播种后1～2年内多年生牧草生长缓慢，长势较弱，最好不放牧，可以进行刈割利用。从第三年起可放牧，这时牧草已形成紧密的草皮不怕羊践踏。多年生黑麦草和白三叶的混播草地可以适当提早放牧，通过放牧可以控制杂草。

(1)单播草场的放牧利用 单播草场一般是用于刈割饲喂，刈割几茬后再进行放牧，但在放牧过程中应注意时间间隔，豆科牧草一般 28～35 天放牧 1 次，禾本科牧草一般 18～25 天放牧1次。

(2)混播草场的放牧利用 混播草场是由多个牧草品种混合种植的草地，最适宜于放牧。放牧时可采用以下方法。

①划区轮牧 是把一个季节放牧或全年放牧地划分成若干轮牧小区，每一小区内放牧若干天，逐区采食，轮回利用。根据草场的面积及产草量，计算其载畜量，确定小区的数目及面积，然后按照制定的轮牧制度进行放牧。

②季节性放牧的调节 一年四季中，春、秋季节在山坡上放牧，夏季在山顶放牧，冬季在山谷或山下放牧。把四季气候变化、牧草生长周期与羊群利用充分地结合在一起，充分合理地利用草场。

③确定正确的放牧时期 开始放牧的适宜时期一般是以禾本科牧草为主的放牧地，应在禾本科牧草开始抽茎时；以豆科和杂类草为主的放牧地，应在腋芽(或侧枝)发生时；结束放牧时间一般是在牧草生长发育结束前 30 天停止放牧。

④放牧强度 放牧强度应根据放牧后留茬的高低来确定，放牧后保持 5～8 厘米的留茬高度较为适宜。

61. 如何备足肉羊越冬饲草?

我国北方进入冬季由于草场干枯，枯草期长达 4～6 个月，若是遇到积雪，放牧的羊群不能出牧，就需要大量的牧草进行补饲或舍饲，所以备足羊越冬饲草是养羊的基础环节之一。贮备羊越冬所需饲草可采取：一是在牧草生长旺季适时采取多种晒制青干草的方法收贮；二是利用农作物秸秆，采取氨化、碱化、微贮、青贮等措施加工制作贮备羊饲料；三是建立自己的饲草基地。无论是人工种植牧草、还是天然牧草、还是农作物收获后的秸秆、糟渣等，都要做到适时收获、晾晒，减少日光暴晒和雨水淋洗，及时进行收贮，防止发霉变质而影响饲喂效果。

62. 羊场用草、料计划的内容是什么？

首先，确定养殖形式，是放牧、舍饲，还是放牧＋舍饲，明确养殖规模，根据羊场养殖计划，计算出逐月所需饲草、饲料数量，做到心中有数。其次，明确羊场用草、料来源，是自己建设草、料基地，还是从场外采购，若自己建设草、料基地就应确定种植品种、面积、成本核算等，若是从场外采购，就应确定收购品种、数量，收购地点，成本核算等。

三、肉羊品种选择与杂交利用

1. 什么是肉用型良种羊？

良种羊是指一个羊的品种，在一定生态条件和社会条件下，由人类有目的选育出来的具有较高经济价值和种用价值，又有相当数量的绵、山羊类群。由于其具有共同的血统来源和遗传基因，其个体都有相似的生产性能、外貌特征，且具有稳定的遗传性能。良种肉羊又有地方良种和培育良种之分，前者是通过品种内的选择、淘汰、合理选配和科学培育而成，具有某一突出和优良的生产性能，但品种内个体间、地区间的形状表现差异较大。培育品种是指有明确的育种目标，在遗传育种理论与技术指导下，经过较系统的人工选择过程而育成的绵、山羊品种，这类品种集中了特定的优良基因，其产肉性能相对比较专门化，在类型上更为一致。

2. 为什么要饲养良种肉羊？

因为良种羊本身具有较高的生产性能，如我国引进的波尔山羊，羔羊在断奶前的日增重通常达到 200 克以上，而我国多数地方山羊品种羔羊在断奶前的日增重不到 100 克，有的仅为 40～50 克，需要用良种羊进行杂交改良，提高日增重。良种羊不但可以改良提高同类型羊的产肉性能，而且可以改进其产品的内在质量。由此可见，饲养良种肉羊可获得较高的经济收益。

3. 肉用型羊应该具备的基本特征主要有哪些?

(1)早熟 一般来说,肉用性能优良的羊,其性成熟与体成熟时间都比较早,一般母羊在7～8月龄,甚至5～6月龄时即具备繁殖能力,当其有明显发情表现时,就可进入配种繁殖环节。

(2)非季节性发情明显 母羊多胎率高,许多培育的肉用型羊品种普遍具有四季发情的特点,一般经产母羊每胎产羔2只以上,繁殖力相对较高。

(3)生长发育快 羔羊生长发育较快,一般在周岁时即达成年羊体重的80%～90%,经快速育肥4～6月龄可达到出栏羊体重或屠宰加工的标准。

(4)胴体品质好 在合理饲养管理条件下,胴体中脂肪含量适中,呈白色,肌肉纤维细嫩,红色鲜艳,有光泽,口感好,不膻不腻,优质肉切块比例大。

(5)肉用羊的体型外貌特征突出 肉用羊体形呈长方形,身体低垂,腹线平直,四肢短矮,紧凑而匀称。头粗短,鼻梁微曲或拱起,颈部短而粗,颈肩结合良好,胸宽深,肋骨开张,背腰平直且宽,臀部丰满且深,后躯正视呈倒"U"形。

通过基本特征的认识,可以把握和选择肉用羊品种,从而能够快速养出肉质优良的肉羊,取得好的经济收益。

4. 目前引进的国外肉用绵羊品种主要有哪几种?

(1)黑头萨福克羊 原产于英国,该品种体格较大,公、母羊均无角,颈粗短,胸宽深,背腰平直,四肢粗壮结实,后躯发育良好,全身肌肉丰满,体躯主要部位的被毛为白色,头、耳及四肢均为黑色。该品种早熟,适应性强,生长发育快,成年公羊体重100～136千克，成年母羊70～96千克，产羔率为141.7%～157.7%。4月龄肥育公羔平均胴体重达到24.2千克，母羔达到19.7千克。而且瘦肉率高，是生产优质羔羊肉的理想品种。

我国从20世纪70年代起，先后从澳大利亚、新西兰等国引进该品种，目前在西北、东北、华北、华中等地均有分布。大量试验证明，萨福克羊对我国各地绵羊品种的产肉性能改进效果显著，但杂交后代中杂色被毛个体较多。

(2)无角陶赛特羊 原产于澳大利亚和新西兰，该品种全身被毛为白色，公、母羊均无角，颈粗短，胸宽深，背腰平直，躯体呈圆筒状，后躯丰满，四肢粗短。该品种生长发育快，早熟，可全年发情配种，适应性较好。成年公羊体重90～110千克，成年母羊65～75千克，产羔率137%～175%，4月龄育肥公羔平均胴体体重达到22千克，母羔达19.3千克。见彩图3-1。

我国在20世纪80年代末开始引入，目前分布地域的广泛性与萨福克羊相近，无角陶赛特羊与我国各地绵羊的杂交效果也较好，杂种羔羊不仅生长发育快，还具有早熟、净肉率高等特点。

(3)杜泊羊 原产于南非共和国，该品种分长毛型和短毛型两个品系，短毛型杜泊羊头颈为黑色，体躯和四肢为白色，无角，额宽，鼻梁隆起，耳大稍垂，颈粗短，肩宽厚，背平直，肋骨拱圆，四肢强健，前胸丰满，后躯肌肉发达。该品种具有早熟、生长发育快、适应性强、板皮品质好等特点。100日龄公羔平均体重可达到34.72千克，母羔达31.29千克；成年公羊体重100～110千克，成年母羊75～90千克，杜泊羊的繁殖表现主要取决于营养和管理水平。正常情况下，产羔率为140%，该品种具有很强的适应性，即耐热又抗寒，耐粗饲，放牧舍饲皆宜，被毛短，不需剪毛，当气候变暖时能自行脱落，但在潮湿条件下，易感染肝片吸虫病，羔羊易患球虫病。见彩图3-2。

我国近年来也有引进，目前山东、陕西、河南、辽宁、北京等省、直辖市都有分布，该品种对其他绵羊产肉性能的改进与提高效果较好，可作经济杂交肉羊的父本品种。

(4)特克赛尔羊 原产于荷兰特克赛尔岛，该品种无角，全身白色，鼻镜、口唇、眼圈和蹄质为黑色，体型大，背腰宽而平直，体躯肌肉丰满，后躯发育良好。该品种的突出优点是生长速度快，羔羊70日龄前平均日增重达300克，在适宜的草场条件下，4月龄羔羊平均体重达40千克，6～7月龄达50～60千克，屠宰率为54%～60%，产羔率为150%～160%，成年公羊体重115～130千克，成年母羊75～80千克，并被许多国家作为经济杂交肉羊的父本品种。见彩图3-3。

我国于1995年首次从德国引进，目前分布在黑龙江、甘肃、内蒙古、宁夏、北京等地。特克赛尔羊与我国小尾寒羊、山东细毛羊等品种的杂交效果都比较好。

(5)夏洛莱羊 原产于法国中部的夏洛莱丘陵和谷地，该品种头部无毛，面部呈粉红色或灰色，额宽，耳大，颈粗短，肩宽平，胸深宽，背腰平直，肌肉丰满，体躯长，后躯宽大，两后肢间距大，肌肉发达，呈"U"形，四肢较短，肉用体型良好。夏洛莱羊具有早熟、耐粗饲、采食能力强和肥育性能好等优势。成年公羊体重100～150千克，成年母羊75～95千克，经产母羊的产羔率为182%。6月龄公羔体重48～53千克，母羔38～43千克。但该品种抗暑能力较差，热应激反应强烈。见彩图3-4。

我国在20世纪80年代开始引入，目前在河北、河南、山东、辽宁、北京、内蒙古等省、直辖市、自治区均有分布。对我国当地绵羊产肉性能的改良效果显著，但杂种羔羊初生阶段被毛短，对寒冷气候条件的适应性较差。

5. 目前国内肉用绵羊品种主要有哪几种？

(1)小尾寒羊 属于短脂尾肉皮兼用品种，原产于山东省济宁市与菏泽市，该品种全身白色，身躯高大，四肢发达，鼻梁隆起，耳大下垂。公羊前胸较深，背腰平直，有螺旋形大角，威猛好斗，常常被培育成赛场上的斗羊，母羊头小颈长，有小角，体躯较长，但肋骨不够开张，后躯不够丰满。小尾寒羊生长发育较快，3 月龄断奶公、母羔平均体重可达 20.8 千克和 17.2 千克，周岁公、母羊平均体重分别为 60.8 千克和 41.3 千克，成年公、母羊平均体重分别为 94.13 千克和 48.85 千克。6 月龄羔羊屠宰率为 49.32%。见彩图 3-5，彩图 3-6。

虽然小尾寒羊体型结构、屠宰率以及肉品品质赶不上引进专用肉羊品种，但可四季发情，适应性较强，繁殖力高，平均产羔率高达 250%。这一特点是其他绵羊品种所不及的。因此，小尾寒羊被国内许多地方引进，并被用作肉羊杂交母本，取得了较好的效果。

(2)湖羊 湖羊是一个具有 800 多年培育历史并以生产白色羔皮闻名于世的多胎绵羊品种，能适应我国南北气候，肉用性能良好。早在南宋时期，来自北方的移民将一部分蒙古羊带到江南，饲养在江浙沪交界的太湖流域一带，因此被称为湖羊。湖羊的形成和发展也受自然、经济、社会条件等诸多因素的影响，由于太湖地区土地面积狭窄，没有宽阔的天然放牧地，草料来源相对缺乏，湖羊主要以蚕沙(蚕粪)、蚕食后的叶梗、枯叶为食，而且饲养在阴暗、狭小的棚圈里。即使这样，人们希望所选留的母羊多产羔、产好羔、易管理，通常从同胎双羔或多羔中选留种羊。在这样特定的自然环境条件下，经过人们的长期定向选育，就形成了我们今天所看到温驯、秀美、产羔多、生长快、肉质优、羔皮好、抗逆性强、易管理的湖羊品种。见彩图 3-7。

体型外貌。湖羊体格中等，在一般饲养条件下，成年公羊体重为65千克左右，成年母羊体重40千克左右，公、母羊均无角，头狭长，鼻梁隆起，耳大下垂，颈、躯干和四肢细长，前胸欠发达，体躯呈扁长形，背腰平直，腹微下垂，尾扁圆，尾尖上翘，属于短小脂尾，腹毛粗、稀而短，体质结实，全身白色。

生活习性。湖羊比较温驯、胆小，怕光，怕声响和鞭打，怕潮湿，怕蚊蝇，喜欢干燥、清洁和安静的生活环境，适合舍饲。长期生活在潮湿的环境条件下，易患腐蹄病。遇雷电、鞭炮等剧烈声响或突然声响，会四处逃窜，碰伤肢体，妊娠母羊会出现流产。因此，湖羊饲养环境应保持清洁、干燥、卫生，防止剧烈声响，尽量保持羊群安静，避免强光照射，运动场应建荫棚或栽植阔叶树种，饲喂或捕捉羊只时禁止鞭打或突然追赶羊群，锻炼可以改变其很多习性，经过放牧锻炼的羊只也会变得强大起来，不畏光，善游走。

肉用性能。湖羊前期生长速度快，产肉性能好，很多指标远远接近或超过引进品种，断奶后育肥的双羔日增重可达240克，屠宰率达50%以上，料肉比达2∶1。在一般饲料条件和精心管理下，湖羊6月龄体重可达成年体重的80%以上，周岁时即可达到成年羊体重90%以上。随着饲养管理条件的改善，湖羊适合直线育肥，生产肥羔肉，生长潜力可得到更大发挥。

肉品品质。湖羊骨骼细小，胴体品质高，羊肉蛋白质含量高，脂肪适中，胆固醇含量低，肌肉红色鲜艳而富有弹性，肉质鲜嫩多汁，膻味小。据测定，湖羊肌肉蛋白质含量达到20.3%～24%，而且随年龄的增加呈上升趋势(表3-1)。

表3-1 不同年龄湖羊肌肉粗蛋白质含量 (单位:%)

年　龄	5月龄	10月龄	18月龄	4岁
背最长肌	20.3±0.33	20.6±0.27	21.6±0.35	22.5±0.54
肱三头肌	21.7±0.27	22.1±0.33	23.1±0.90	24.0±0.47

繁殖性能。湖羊属早熟品种，繁殖性能好，母羔 5～6 月龄性成熟，7～8 月龄便可配种，发情不受季节的影响，一年四季都可以发情、排卵、交配、受胎和产羔，发情周期为 16～18 天。在正常饲养条件下，可年产二胎或两年三胎，每胎产 2～3 只羔羊，产羔率为 229%，在良好的饲养管理条件下，经产母羊产羔率可达到 300% 以上。据统计，湖羊产双羔母羊占 49.60%，产三羔母羊占 30.22%，产四至五羔母羊占 7.3%，多胎母羊（产三羔以上）占 37.52%。羔羊成活率达到 98.6%，羔羊断奶后 20 天左右，母羊体质恢复，进入第二个繁殖周期，第二胎平均产羔率可达到 250% 以上。

泌乳性能。湖羊泌乳性能好，母性强。在以青粗、多汁饲料为主，稍加精料的条件下，泌乳量可满足 3 只羔羊的营养需要，但产 3 只以上羔羊时，需要另补充牛奶或找代乳羊。

适应性。湖羊食谱广，适应性强，很多青草、干草、农作物秸秆、农副产品加工后的下脚料等都可作为湖羊的饲料，不仅能在江南 37℃～39℃的湿热、狭小的舍饲条件下健康地生存与繁殖，而且也能适应西北地区寒冷的舍饲、放牧或半放牧条件，已先后被引入新疆、甘肃、宁夏、内蒙古、湖北、河北等省、自治区。湖羊与小尾寒羊的区别详见表 3-2。

表 3-2　湖羊与小尾寒羊的区别

项　目	小尾寒羊	湖　羊
来　源	蒙古羊的后裔	蒙古羊的后裔
培育历史	宋朝中期开始	南宋时期开始
分布地域	山东省的鲁西南部	浙江、江苏的太湖流域
被毛颜色	全身白色，少数个体头部有色斑	全身白色毛。腹毛粗、稀、短

续表 3-2

项 目	小尾寒羊	湖 羊
头颈部	公羊头大颈粗，鼻梁隆起、耳大下垂，母羊头小颈长	头狭长，鼻梁隆起，多数耳大下垂，颈细长
角 形	公羊有发达的螺旋形大角，母羊大都有角，形状不一，有镰刀状、鹿角状、姜芽状等，极少数无角	公母羊均无角
体躯结构	体格大，体躯长，背腰平直，四肢较长	体格中等，体躯狭长，背腰平直，腹微下垂，四肢较细
体 重	成年公羊平均体重 80.5 千克，成年母羊体重 57.3 千克	成年公羊体重 40～50 千克，成年母羊体重 35～45 千克
性 格	较凶悍、善打斗	胆小、惧光、易管理
尾 型	脂尾在飞节以上	尾扁圆，尾尖上翘
骨骼发育	骨骼较发达	骨骼较纤细
性成熟	5～6 月龄	5～6 月龄
产羔率	年产二胎或两年三胎，平均产羔率 250%	年产二胎或两年三胎，平均产羔率 229%
适应性	较 好	很 好
营养要求	较 高	较 低

(3)多浪羊　多浪羊是新疆的一个优良肉脂兼用型绵羊品种，主要分布在塔克拉玛干大沙漠的西南边缘，叶尔羌河流域的麦盖提、巴楚、岳普湖、莎车等县。因其中心产区在麦盖提县，故又称麦盖提羊。

多浪羊头较长，鼻梁隆起，耳大下垂，公羊无角或有小角，母羊无角，颈窄而细长，胸身宽，背腰平直，体格大，体躯长。初生羔羊全身被毛为褐色或棕色，少数为黑色、深褐色或白色，多浪羊生长发育快，产肉性能好。3月龄断奶公羔重可达26.58千克，母羔达25.1千克，成年公羊体重可达98.4千克，母羊达到68.3千克。周岁公羊胴体重可达32.7千克，母羊为23.6千克。在较好的饲养管理条件下，母羔8月龄性成熟，并可当年配种。大部分适繁母羊可两年产三胎，产羔率可达150%以上。

(4)欧拉型藏羊 欧拉羊是藏系绵羊的一个特殊生态类型，主要分布于甘肃省玛曲县、青海省河南蒙旗自治县和久治县及其相邻地区。

欧拉羊头稍长，呈锐三角形，鼻梁隆起，公、母羊绝大多数有微螺旋状角，多数有肉髯，公羊前胸着生黄褐色毛，母羊不明显。全身被毛较短，多数羊头、颈、四肢有黄褐色斑，纯白色个体很少。欧拉羊体格较大，四肢较长，背平直，前胸和臀部发育良好，成年公羊平均体重75.8千克，成年母羊58.5千克，成年羯羊屠宰率为50.2%。欧拉羊能够适应高寒草原严寒、潮湿和低气压等自然条件和长年露营放牧的饲养管理方式，但繁殖率不高，每年产一胎，每胎产羔1只。

(5)乌珠穆沁羊 乌珠穆沁羊属于短脂尾粗毛羊品种，产于内蒙古自治区锡林郭勒盟乌珠穆沁草原，故以此得名。乌珠穆沁羊头中等大小，额稍宽，鼻梁微凸，公羊有角或无角，母羊多数无角。体格较大，体躯较长，四肢粗壮，胸宽而深，背腰平直，后躯发育良好。毛色以黑色者居多，少数为纯白色。乌珠穆沁羊体质结实，适应性强，生长发育较快，适应终年放牧、不补饲的饲养方式，成年公羊平均体重74.43千克，成年母羊58.4千克，成年羊屠宰率在50%以上。乌珠穆沁羊繁殖力不高，平均产羔率为100%。

(6)兰坪乌骨羊 是一种藏系短毛型山地粗毛绵羊，属于珍稀物种资源，主要分布在云南省兰坪县甸镇弩弓、龙潭村一带，当地居住的普米族、彝族群众又称其为黑骨羊。乌骨羊头狭长，鼻梁微隆，公、母羊多数无角，耳大向两侧平伸，颈粗长，胸深宽，背腰平直，体躯较长，四肢长而粗壮有力，尾短小，呈圆锥形。毛色差异较大，全身黑个体约占43%，体躯为白色，头部、腹部及四肢着生少量黑毛的个体约占49%，其余为杂色个体。乌骨羊眼结膜呈褐色，口腔黏膜、犬齿和肛门为乌色，解剖后可见骨膜、肌肉、气管、肝、肾、胃网膜、肠系膜和羊皮内层等呈乌色，随年龄增长，不同组织器官黑色素沉积顺序和程度有所不同。乌骨羊成年公羊平均体重为47千克，屠宰率为49.5%，性成熟较晚，一般在1.5岁开始配种，每年产一胎，单羔占91.5%，双羔占8.5%，平均产羔率为103.5%。目前，乌骨羊原产地存栏量仅有3000多只，已被山东、陕西等省引进。

(7)滩羊 滩羊来源于蒙古羊，是在特定的自然环境条件下经长期定向选育而育成的一个独特的裘皮用绵羊品种，主要生产二毛皮。分布于宁夏和甘肃、内蒙古、陕西与宁夏毗邻的地区。但以宁夏境内的黄河以西，贺兰山以东的平罗、贺兰和银川等地所产二毛皮质量最好。滩羊体型中等，体质结实，公羊鼻梁隆起，有螺旋形大角向外伸展，母羊一般无角或有小角，背腰平直，体躯窄长，四肢较短，尾长下垂，尾根宽阔，尾尖细呈S状弯曲或钩状弯曲并达飞节以下。被毛绝大多数为白色，头部、眼周围和两颊多有褐色、黑色、黄色斑块或斑点，两耳、嘴端、四蹄上部也有类似的色斑，纯黑、纯白者极少。

成年公羊平均体重47千克，母羊体重35千克，成年羯羊的屠宰率为45%，成年母羊屠宰率为40%，滩羊一般年产一胎，产双羔者很少，产羔率101%～103%。滩羊是我国具有地方特色的裘皮用和肉用相结合的地方良种，目前饲养范围越来越小，存栏明显减少，这一品种的开发利用和保种非常重要。

6. 国内肉用山羊品种主要有哪些？

(1)关中奶山羊 关中奶山羊是自1937年开始，利用萨能奶山羊与陕西地方山羊杂交选育而成的乳用品种，目前已向乳肉兼用的方向培育。

体型外貌。关中奶山羊的体型外貌与萨能奶山羊相似，头长，颈长，耳长，体长，腿长，眼大，鼻直，嘴齐，体型高大，呈楔形，细致紧凑，体质强健。被毛较短，白色，皮肤粉红色，四肢端正，公羊体型雄威。

生产性能。成年公羊体高在80厘米以上，体重在75千克以上，母羊体型俊秀，乳房丰满，体高在69厘米以上，体重在44千克以上。在一般饲养管理条件下，产奶量高，母羊二三胎的年产奶量(按300天计)最高可达到700千克以上。

适应性。关中奶山羊适应性好，抗病力强，耐粗饲，全国各地均可饲养。目前主要分布在陕西中部及渭北部分县，是全国最大的一个奶山羊品种。

改良效果。用关中奶山羊的公羊进行级进杂交改良地方土种山羊，其一代改良羊比土种山羊体重提高20%～30%，三代以后改良羊体型外貌、生产性能等与关中奶山羊非常接近。见彩图3-8。

(2)崂山奶山羊 是用萨能奶山羊与崂山当地山羊杂交选育而成，主要分布在山东省的东部、胶东半岛以及鲁中南地区，该品种体质结实，结构紧凑而匀称，但体格、体重、产奶量和产肉率均次于关中奶山羊。

(3)陕南白山羊 陕南白山羊分布于汉江两岸，头大小适中，鼻梁平直，颈短而宽厚，胸部发达，肋骨拱张良好，背腰长而平直，腹围大而紧凑，四肢粗壮，尾短小上翘。被毛以白色为主，少数为黑色、褐色、杂色。陕南白山羊分短毛和长毛两个类型，短毛型又分为有角和无角两个类型，无角短毛型羊性情温驯，早熟，易肥，有角长毛型羊性烈好斗。陕南白山羊抓膘快，肉质好，6 月龄羯羊平均体重为 22.17 千克，屠宰率为 45.56%，成年公羊平均体重 33 千克，母羊 27.3 千克，成年羊屠宰率为 52%。陕南白山羊性成熟早，8～12 月龄可初配，而且常年发情，可年产两胎或两年产三胎，平均产羔率 259%。

(4)子午岭黑山羊 子午岭黑山羊以产黑羊皮和紫绒而著称，主要分布在甘肃南部及陕西北部，该品种以黑色为主，少数为青色或花色，头较短窄，额突出，公、母羊均有角，颌下多髯，颈较长，胸较宽，背腰平直，四肢健壮有力，尾短上翘，被毛由粗长、光亮、略带弯曲的粗毛和纤细的绒毛组成。子午岭黑山羊体格中等偏小，成年公羊平均体重 34.6 千克，母羊 24 千克，适应性好，抓膘能力强，肉质细嫩，膻味小。在放牧条件下，母羊 6～8 月龄性成熟，且多产单羔，产羔率为 100%～120%，羯羊平均屠宰率为 47.6%，净肉率为 42.5%。

(5)陕北白绒山羊 陕北白绒山羊是以辽宁绒山羊为父本，陕北黑山羊为母本，经过 30 年的杂交、培育而成的绒肉兼用型山羊新品种，主要分布在榆林、延安两市。陕北白绒山羊体格中等，成年公、母羊平均体重为 41.2 千克和 28.7 千克。头轻小，额部有长毛，颌下有髯，面部清秀，眼大有神，公、母羊均有角，全身被毛白色，毛绒混生，产绒量较高，是国内著名的肉绒兼用山羊品种。但由于该品种肉质好、抗逆性强，被广泛用于羊肉生产，1.5 岁羯羊平均屠宰率为 45.6%，母羊产羔率为 105.8%。在良好的舍饲条件下，通过对产双羔母羊选育，可使产羔率提高到 198%左右，在短期育肥条件下，当年公羔的日增重可达到 150～200 克。见彩图 3-9。

(6)南江黄羊 南江黄羊是在我国四川省南江县育成的肉山羊品种，被毛呈黄褐色，毛短且紧贴皮肤，富有光泽，被毛内层有少量绒毛，公羊毛色较黑，前胸、颈肩、腹部及大腿被毛深黑而长，体躯近似圆筒形，母羊大多有角，无角个体较有角个体颜面清秀。南江黄羊周岁公羊平均体重 37.6 千克，周岁母羊平均体重 30.5 千克，成年公羊平均体重 66.87 千克，成年母羊平均体重 45.64 千克。南江黄羊繁殖力高，产奶性能好，母羊常年发情，8 月龄可配种，年产两胎或两年产三胎，双羔率可达 70%以上，多羔率 13%，群体产羔率可达 205.4%，由于双羔比例高，羔羊初生重仅为 2.1～2.3 千克，公羔断奶前日增重为 154 克，母羔为 143 克，公羔 6 月龄体重可达 19 千克，羯羊可达 21 千克。南江黄羊适应性较好，已被推广到全国二十几个省（自治区），用于杂交改良当地山羊，效果较好。

(7)建昌黑山羊 建昌黑山羊主要分布在四川凉山彝族自治州的会理县和会东县海拔 2 500 米以下地区。建昌黑山羊体格中等，体躯匀称，略呈长方形，公、母羊绝大多数有角、有髯，被毛光泽，大多为黑色，少数为白色、黄色和杂色，成年公羊平均体重 42.2 千克，成年母羊平均体重 38.4 千克。周岁公羊、母羊体重分别达到成年公、母羊的 71.6%和 76.4%。建昌黑山羊母羊 4～5 月龄性成熟，初产母羊产羔率为 121.4%，经产母羊产羔率为 168.9%。

7. 国外最著名的奶山羊品种有哪些？

国外最著名的奶山羊品种是萨能奶山羊。萨能奶山羊原产于瑞士伯尔尼西部的萨能山谷，该地区属于阿尔卑斯山区，海拔在 1 000 米以上，境内灌木丛生，牧草繁茂，处处泉水，气候凉爽，适宜放牧。由于自然条件优越和国家重视，当地人们精心选育出了这一高产奶山羊品种，目前已广泛分布于世界各地。我国从 1904 年开始先后从英国、德国和加拿大引入萨能奶山羊。

8. 萨能奶山羊的品种特征主要有哪些？

(1)体型外貌 萨能奶山羊具有乳用家畜特有的楔形体型，体格高大，各部位轮廓清晰，结构紧凑细致，头长，颈长，躯干长，四肢长合称“四长”，面直，耳大直立，眼大灵活。被毛粗短，为白色，皮肤薄，呈粉红色。公、母羊大多有胡须而无角或偶有短角，部分个体颈部有肉垂，公羊颈部粗壮，母羊颈部细长，胸部宽深，腰长平直，后躯发育良好，公羊腹部浑圆紧凑，母羊腹大而不下垂，四肢结实，姿势端正，母羊乳房基部宽广，向前延伸，向后突出，质地柔软，乳头大小适中。

(2)生产性能 成年公羊体高80～90厘米，体重75～95千克；成年母羊体高70～78厘米，体重55～70千克。经产母羊多产双羔或多羔，产羔率为160%～200%，年泌乳期为300天左右，产奶量为600～1 200千克，利用年限为6～10年。

(3)适应性 萨能奶山羊适应性、遗传力及抗病力强，在平原、丘陵、山区，北方、南方均可饲养，目前在我国的存栏量较少，主要饲养于陕西杨凌、眉县、千阳、扶风、富平等县。

(4)改良效果 萨能奶山羊以其产奶量高、适应性强、改良效果好而被世界各地引进并用于改良当地山羊，育成了很多新的奶肉兼用山羊品种，如西农萨能奶山羊、关中奶山羊等，在奶山羊从奶肉兼用型及肉用型改良方面起了重要作用。

9. 国外最著名的肉用山羊良种是什么？

国外最著名的肉用山羊品种是波尔山羊。波尔山羊原产于南非共和国的好望角地区，是目前世界上唯一被公认的著名的大型肉羊品种。其类型可分为普通型、长毛型、无角型、土种型和改良型(良种型)5类。其中改良型波尔山羊表现出非常优良的特性，具有羔羊初生重大、生长快、体格大、产肉多、肉质好、繁殖率高、适应性强等特点。我国1995年开始引进，经过多年的纯繁育和用于改良地方山羊，波尔山羊已遍布全国。

10. 波尔山羊的品种特征主要有哪些？

(1)体型外貌 波尔山羊体型中等以上，被毛短密、色白，头、颈棕色并带有白斑，耳大下垂，头平直。公羊鼻梁稍隆起，角向后向外弯曲呈镰刀状，母羊角小而直立。公羊体质强壮，头颈部及前肢比较发达，体躯匀称，各部位连接良好，体躯长、宽、深，胸部发达，背部结实宽厚，肋部开张良好，臀部丰满，四肢粗壮结实有力。成年羊体尺、体重在肉用绵、山羊及其他用途羊中是比较大的品种。见彩图3-10至彩图3-12。

(2)生产性能 一般成年公羊体高75～90厘米，体长85～95厘米；成年母羊体高65～75厘米，体长70～85厘米。羔羊初生重平均为4.15千克，从初生到41千克期间，平均日增重为123.7克。在高度选择和营养水平条件下，100日龄，公羔为30千克，母羔为29千克；150日龄时，公羔为42千克，母羔为37千克；210日龄时，公羊为53千克，母羊为45千克；270日龄时，公羊为69千克，母羊为51千克。日增重，初生至100日龄，公羔为291克，母羔272克；100～150日龄时，公、母高分别是272克和240克；150～210日龄时公、母羊分别为245克和204克；210～270日龄时，公、母羊分别为250克和186克。在一般饲养条件下，日增重为120～200克，生长发育速度显著高于其他山羊品种。

波尔山羊的屠宰在所有肉羊品种中属最高，屠宰率为48%～60%。8～10月龄时屠宰率为48%，周岁时为50%，2岁时为52%，成年时为56%～60%，肥羔最佳上市体重为20～45千克。

波尔肉羊瘦肉多，肉质细嫩，膻味小，肉味鲜美无比，其肌肉间、皮下脂肪和内脏脂肪占胴体重的18.24%。将胴体分成5大块，各部位所占比例为：前肢占17.28%，颈部占9.33%，腹部占25.77%，背部占19.27%，后肢占28.36%。骨肉比为1∶4.71。

波尔山羊属早熟品种，繁殖无明显的季节性，一年多次发情。波尔山羊6月龄性成熟，平均每年产1.5胎，高的达1.93胎，每年可配种2次，产羔2次，或每二年配种3次，产羔3次。一般每8个月产一胎，产羔率160%～220%，初产羊平均产羔率为151%。母羊群中，产双羔的母羊比例为56.5%，产三羔的占33.2%，产单羔的占7.6%，产四羔的占2.4%，产五羔的占0.4%。波尔山羊的发情周期平均为21天，发情持续时间37小时，大多数母羊于发情后32～38小时内排卵。母羊平均妊娠期为147～149天，营养水平高的妊娠期较短，多羔比单羔妊娠期稍短，老龄母羊妊娠期稍长。

(3)适应性 波尔山羊是世界上适应性最强的山羊品种之一。其体质强健，性格温驯，四肢发达，善于长距离采食；喜合群，爱清洁；喜凉爽，厌湿热；经济价值高，使用寿命长，生育年限达10年。不但对寒冷环境的适应性强，而且能够适应内陆性气候和干旱缺水沙漠气候。波尔肉羊的采食范围极为广泛，喜食鲜嫩的青绿饲料及脆香树叶，对粗硬的玉米秸及柔韧的禾本科牧草不太喜食。对食物滋味的选择依次为咸、甜、酸、苦，厌食腥膻味，采食频率黄昏时为高峰期，清晨为次高峰，中午和下午采食频率较慢。主要采食灌木枝叶、花生秧、甘薯藤、树叶、豆荚等，利用粗纤维的能力比其他山羊和绵羊强，适合于灌木林和山区放牧，对灌木的蔓延有一定控制作用。采食范围可从地面生长高度10厘米的牧草到达160厘米的灌木枝叶，波尔肉羊的抗病力强，对一些疾病如蓝舌病、肠毒血症及氢氰酸中毒等抵抗力较强，对体内外寄生虫的抵抗力显著高于其他品种的山羊。

(4)改良效果 在肉羊生产中波尔山羊主要作终端父本，可提高后代的生长速度和产肉性能，从波尔山羊与国外、国内诸多地方山羊品种杂交改良情况来看，均表现出明显的杂交优势。主要表现在杂交后代肉用性明显改观，初生重、生长发育速度提高，体尺、体重、胴体重，屠宰率较同龄本地山羊显著提高。杂交改良效果十分显著，是一个不可多得的父本品种。

11. 肉用品系羊选择的基本原则是什么?

(1)品种特征 每个绵羊、山羊品种都有其独特而稳定的外貌特征，体形呈长方形，身体低垂，腹线平直，四肢短矮，紧凑而匀称，头粗短，颈肩结合良好，胸宽深，肋骨开张，背腰平直且宽，臀部丰满。如果外貌特征不明显或者有所变化，说明其品种性能不稳定、品种不纯或者正在导入外血。即使用于肉羊杂交改良地方羊，也不宜购进这类羊。

(2)适应性 首先要了解欲引进品种的培育历史，当地生态环境，该品种生理特点及其适应性能，引进后是否可以适应当地的生态环境，当地是否可以满足所引进羊只生存与发展需要的各种环境条件。一般来说，在相同条件下，适应性强的品种患病率和死亡率低，可获得较好的效益。

(3)产肉性能 对于肉羊来说，主要看其产肉性能，由于羔羊肉是未来羊肉市场的主流产品，用于羔羊肉生产的品种必须具备繁殖力高(早熟、产羔多)，前期生长速度快，适应性强，不应过分追求体格，因为体格较大的品种往往不具备以上特点，且维持营养需要较多。目前，市场上最受欢迎的肉羊品种，尤其是用作终端父系品种的绵羊、山羊多为生长速度快，性成熟较早，四肢粗短，中等体格。

(4)繁殖力 繁殖力对肉羊的生产水平和养殖效益有直接影

响，选择品种、确定肉羊经营方式、制定生产计划等都必须考虑繁殖力，高繁殖力性状的发挥需要与其相适应的环境条件，所以要选择性成熟早，发情季节不明显，一年二胎或两年三胎，且多胎率高的品系。

12. 肉用羊个体选择的基本原则是什么？

(1)看父母　优良的公、母羊交配后所产羔羊，全窝都发育良好，亲本母羊应为第二胎以上的经产多胎羊。

(2)看本身　从初生重大，不同阶段增重速度快、发育良好的羔羊中选择。

(3)看同胞　优秀的公、母羊交配后所产羔羊均发育良好，可作为选择优良个体的依据。

(4)看后代　要看后备种羊所产后代的生产性能，是不是将父母代的优良性能传给了后代，凡是优良性状遗传力差的个体都不能选择。

(5)看群体　后备母羊的数量，一般要达到需要数的3～5倍，后备公羊的数量也要多于需要量。因此，无论是地方品种，还是培育品种，所有可保留或发展的品种都是选留其中少数优秀个体用作种羊，而不是它们的全部，即使很优良的品种也不例外，因此良种不等于种羊。

13. 良种肉羊是否需要不断进行选育和提高？

任何一个品种都是由许多个体组成的群体，在肉羊生产实际当中，由于环境条件及饲养管理水平不同，群体内个体之间的各种表现存在着不同程度的差异，这些差异是不可避免的，性状表现在向好的方面发展的同时，也有一部分性状出现退化，生产性能降低，如果不进行品种的选育和提高，任其不良性状发展，群体生产水平就会逐步下降，一些表现优良的性状就有可能丧失。因此，对任何一个良种羊的群体都需要不断进行选优汰劣，不断选育和提高，使群体始终保持较高的生产性能。

14. 引进良种肉羊时应注意哪几个方面的问题？

(1)了解生产性能 对于肉羊来说，主要看其产肉性能，引进良种用于肉羊育肥，必须具备繁殖力高（早熟、产羔多），羔羊前期生长发育速度快，适应性强，出肉率高，肉质优良。

(2)明确用途 即用于纯种繁殖还是杂交改良？用于什么品种的杂交改良？改良效果是否理想？如果用于杂交，可在先行杂交试验的基础上做出决定。例如，我国北方地区，开展肉绵羊杂交改良多选择萨福克羊和陶赛特羊，不仅是因为这两个品种对其他绵羊品种杂交改良效果好，还由于它们本身的生产力和生活力较好。同样，各地选购布（波）尔山羊进行肉山羊杂交改良，也是考虑了该品种适应性强，对地方山羊品种产肉性能的改良效果好。

(3)制定引种计划 包括引种目的地确定、所引品种的选择、引种数量、引种途径、引种方式，交通运输工具的确定、引种时间安排，引入后的检疫、观察等。

(4)向管理部门提出申请 无论是从境内、境外引进良种羊都要给相关部门提出申请，办理相关手续，方可引进。

(5)严格检疫 要对所引进羊产地进行疫病考察，确认无传染病方可选购，并对所挑选的羊只进行严格检疫，确保健康无病后再引入，以避免不必要的损失。

(6)应注意的问题 考虑引进品种是否可以适应引入地的生态环境条件。注意原产地与引入地的各种差异，由温暖地区引至寒冷地区宜在夏季调运，由寒冷地区引至温暖地区则宜于冬季抵达，长期饲养在低海拔地区的绵、山羊向高海拔地区引种时，可采用逐渐过渡的措施，如先在海拔2000～3000米地区饲养1～2年后，再转移到3000米以上的地区。以使羊只逐渐适应气候冷暖变化和海拔高度变化。

15. 怎样选留基础母羊？

肉羊生产中无论是地方品种，还是培育品种，一般要选留最优秀的个体作为基础母羊，用来繁殖后代，通常从后备种羊群中精选特级、一级个体。后备母羊的数量，要达到需要数的3～5倍。基础母羊一般从表现好的公、母羊所产后代中选留。母亲应为第二胎以上的经产羊，且多胎，又是与3～4岁公羊配种后所产后代，从初生重、各生长阶段增重快、发育好的后备羊群中选择，看后备羊是不是具备父母代的优良性状。

选留基础母羊必坚持既要看自身表型，又要观察下一代的原则，繁殖母羊个体较大，食欲旺盛，采食速度快，适应性强，每胎多羔，所产羔羊初生体重大，羔羊健壮、活泼，生长发育速度快，并具有本品种特有的外貌特征或父母一方外貌特征，躯体各个部位结构和乳房发育良好。

16. 怎样选留种用公羊？

(1)外貌符合种用特征 符合种用公羊的体型外貌特征，四肢粗壮有力，反应灵活，眼睛明亮有神，雄性特征明显，精力旺盛，体质健壮。特别是注意观察外生殖器官，应发育良好，两个睾丸对称富有弹性，凡单睾、隐睾公羊不能留作种用。

(2)被选择公羊系谱鉴定 应从双羔、多羔羊中选留种公羊，公羊祖先有遗传性疾病的不能留作种用。

(3)选种方法切合生产需要 采取多留后备公羊优中选优的原则，一般进行 3 次筛选，2～3 月龄断奶时进行第一次筛选，对所有公羔进行全面排查，选择体格发育良好的个体；4～6 月龄时进行第二次筛选，对所留公羊进行全面系统检查，选择平均日增重快、体格健壮的个体；7～10 月龄时进行第三次筛选，对所选择公羊进行全面系统检查，除选择平均日增重快，体格健壮的个体外，还应选择第二性征明显的个体，生殖器官、睾丸发育良好。

17. 体格大小是否可作为选留种用肉羊的指标？

同期出生的羔羊，无论是公羔还是母羔，初生重大，发育较好，体格大通常是选留种羊时考虑的因素之一，因为体格只是一只羊在特定条件下的一种表现，即表型形状，这一形状能否稳定地遗传给后代，仅看其表型是不够的，要根据其父母、祖父母、同胞兄妹、后裔的资料和饲养管理条件等因素做出综合判断。如环境条件，被选择的羊是否处于相同的饲养管理环境，因为生活环境较为优越，营养条件好的羔羊（如单羔由奶量充足的母羊哺乳）总要比生长在逆境中的羔羊（一胎多羔，营养不足或有疾病史）生长发育快，体型较大，体质健壮。处在两种不同环境条件下，羔羊体格大小没有可比性，因此选留种羊体格大小不能作为唯一因素。

18. 什么叫血缘更新及其作用是什么？

引进同一品种公羊与所配母羊无血缘关系，用来改进和提高羊群生产性能及产品品质的方法称为血缘更新，此方法要求所引进的公羊生产性能较高，若用于肉羊生产，改良后的羊应该产肉性能更突出。血缘更新的作用主要有以下几个方面。

第一，羊群比较小，长期采用封闭式育种，使羊群中的个体都和某一只公羊有亲缘关系,并且已经发现由于近亲繁殖而产生不良影响,需要进行血缘更新。

第二,一个品种引入到一个新的自然环境,经过多年的杂交改良,其后代在生产性能上表现出停滞状态或出现下降现象,需要进行血缘更新。

19. 什么是终端父系品种?

终端父系品种是指在采用多品种杂交方法(多元杂交)生产杂种肉羊过程中,最后用来杂交的公羊品种。对杂交肉羊来说,终端父系的影响最大,其遗传贡献率可占到一半,使用理想的终端父系品种,后代可表现出很大的杂交优势,同时还显著提高了肉羊的生产性能。因此,肉羊终端父系品种的选择是非常重要的,也是肉羊生产的关键环节之一。

20. 影响肉羊育肥的主要因素有哪些?

(1)品种 品种不同,增重的遗传潜力不同,如国外某些专门肉羊品种日增重可达300克以上,而我国普通绵、山羊品种日增重仅为100克左右。由于我国目前尚无专门化的肉羊品种,大多数地方绵羊品种生长发育慢,体型小,产肉力差,不适应市场经济发展的需要。为提高我国肉羊的生产水平和经济效益,必须利用优秀肉用羊品种,如萨福克羊、陶赛特羊、德国美利奴羊、夏洛莱羊及波尔山羊等,进行杂交改良地方绵、山羊品种。

(2)营养水平 日粮营养水平不同,育肥效果也不相同,营养水平高,增重快,育肥效果好,而营养水平低,增重慢,育肥效果差。据对夏洛莱羊与小尾寒羊杂一代羊2～5月龄断奶羔羊试验观察,高营养水平条件下,日增重高达369克,中营养水平为176克,低营养水平仅为 75 克。

(3)年龄 肉羊年龄越小，生长强度越大，而且增重以肌肉和骨骼生长为主，饲料转化率高，育肥效果好。而成年羊的育肥以增长脂肪为主，单位脂肪的增重比肌肉多消耗能量 1 倍以上，所以饲料转化率低，育肥效果较羔羊差。因而目前肉羊育肥大多采用羔羊育肥，采用早期断奶(2～2.5 月龄)技术，快速育肥 2～3 个月出栏上市，顺应消费需求，经济效益可观。

(4)饲料类型 饲料类型不同，育肥效果也不相同。试验表明，以青粗饲料为主的日粮，日增重为 120 克，以精饲料为主的日粮，日增重可达 300 克。日粮搭配也对胴体组成有很大影响，用优质干草加上麸皮、饼渣类搭配的日粮饲喂肉羊，胴体中肌肉所占比例高于谷物类为主的日粮，脂肪的比例远低于后者。另外，谷物类饲料的粉碎度也影响育肥效果，用整粒或压扁玉米饲喂肉羊，日增重比细粉玉米饲喂高 10%左右。用整粒或压扁玉米饲喂，饲料在瘤胃停留时间长，减少了谷物饲料在瘤胃发酵损失，增加了过瘤胃淀粉的数量，提高了瘤胃液的 pH 值，从而有助于精料及粗饲料的消化吸收，改善肉羊的生产性能和饲料转化率。因此，在羔羊和青年羊肥育中提倡将玉米压扁即可，不必粉碎。

(5)性别 公、母羊的生长发育是不一致的，在正常饲养条件下，公羊的生长速度比母羊快，这是因为公羊的雄性激素有促进生长的作用，而母羊的雌激素有抑制生长的作用。不去势公羊在接近性成熟时，经常会相互追逐、爬跨而消耗体力，影响育肥效果。公羔去势后虽因伤口愈合需要一段时间，会引起生长速度降低，但随育肥时间的延长，肌肉变得疏松，沉积脂肪的能力增强，因而使羊的体型变得丰满，肉质得到改善。

(6)季节 肉羊最适肥育季节为春、秋季，春、秋季温度适宜，有利于增重，据试验，在露天饲养条件下，春、秋季增重比冬季高 14%，比夏季高 8%，肉羊适宜的育肥温度为 26℃左右，冬季进行肉羊育肥，为了减少因抵抗寒冷而掉膘，可采用塑料暖棚或采取人工增温措施饲养肉羊，效果很好。

(7)育肥方式 肉羊的育肥方式通常按饲养方式可分放牧育肥、舍饲育肥和混合育肥3种，育肥方式直接影响育肥效果，可根据实际情况灵活选用育肥方式。

21. 什么是杂交？

杂交是指遗传类型不同的生物体互相交配或结合而产生杂种的过程。就肉羊某一特定性状而言，两个基因型不同的个体羊之间交配或组合就叫作种间杂交。杂交也是指一定概率的异质交配，不同品种间的交配通常叫作种间杂交，不同品系间的交配叫作系间杂交，不同种或不同属间的交配叫作远缘杂交。

22. 什么是肉羊的杂交效应？

杂交可促使基因杂合，使原来不在一个种群中的基因集中到一个群体中来，通过基因的重新组合和重新组合基因之间的相互作用，使某一个或几个性状得到提高和改进，出现新的高产稳产类型。杂交可以产生杂种优势，不仅使后代性状表现趋于一致，群体均值得到提高，生产性能表现更好，同时使有害基因被掩盖起来，使杂种后代的生活力更强，这就是杂交效应。

23. 肉羊的杂交方法分为哪几种？

肉羊的杂交方法可以从不同角度进行分类。按照人工控制与否可分为自然杂交（生物在自然状态下发生的杂交）和人工杂交（人工控制下有目的有计划地开展杂交）；按照亲本间的亲缘程度可分为品系间杂交、品种间杂交、种间杂交和属间杂交等；按照杂交形式不同可分为简单杂交、复杂杂交、轮回杂交、级进杂交、双杂交、顶交和底交等；按照杂交目的不同可分为经济杂交、引入杂交、改良杂交和育成杂交等。

24. 什么是经济杂交？

经济杂交是充分以利用杂种优势，尽快提高绵、山羊经济利用价值为目的的杂交方式。

25. 什么是二元杂交？

二元杂交也叫简单杂交，是指两个血缘或性状不同的种群间的杂交，其公、母羊个体只杂交 1 代，而不再继续杂交，其后代称为杂种一代（F_1）。两个种群的遗传特性差异越大，杂交后代所获得的杂种优势越大，杂种一代羊通常表现出优良的生产性能和较强的生活力。杂种一代公、母羔全部用作商品肉羊。见图 3-1。

（良种公羊）♂× ♀（地方品种母羊）

↓

F_1 ♂♀（全用于商品生产）

图 3-1 二元杂交模式

26. 什么是多元杂交？

多元杂交是指参加杂交的群体杂交次数在 3 次以上时，在父母代和最终产品中获得杂交优势。根据杂交的群体数目和配种方式可分为回交、三元杂交和四元杂交。

（1）回交 回交指使用两种品种杂交的杂种母羊与两亲本之

一的公羊再杂交，这样在最终后代中只能获得 1/2 的直接杂种优势，但可利用到杂种母羊的母本杂种优势。见图 3-2。

(良种公羊 1)♂×♀(地方品种母羊)

↓

(良种公羊 1)♂× F_1♀(优秀母体用于回交，其余全用于商品生产)

↓

F_2♂♀(全用于商品生产)

图 3-2 回交模式

(2)三元杂交 三元杂交是指使用两品种杂交的杂种母羊与第三个品种的公羊杂交，这样既可利用到全部的直接杂种优势，还可以利用母本杂种优势。见图 3-3。

(良种公羊 1)♂×♀(地方品种母羊 1)

↓

(良种公羊 2)♂×♀(F_1 优秀个体)其余全用于商品生产

↓

F_2♂♀(全用于商品生产)

图 3-3 三元杂交模式

(3)双杂交 双杂交也叫四元杂交，是指使用分别来自两品种杂交的杂种公羊和杂种母羊再进行杂交，这样既可利用直接杂种优势，同时也利用了父本杂种优势和母本杂种优势。见图 3-4。

(良种 1)(地方品种 1)(良种 2)(地方品种 2)

♂×♀ ♂×♀

↓ ↓

F_1♂ × F_1♀

↓

F_2♂ ♀(全用于商品生产)

图 3-4 双杂交模式

27. 什么是级进杂交？

是两个品种的杂交。当一个品种的生产性能很低、需要从根本上进行改造时，可用某一优良品种公羊连续同被改造品种母羊及其各代杂种母羊交配，经过3～5代杂交，使其杂种后代达到或接近父本的品种特征和生产性能。肉羊级进杂交的父本品种多为引进肉羊良种，基础母本为当地绵、山羊品种。连续进行回交的次数以获得具有理想性状的后代为原则。级进杂交的目的在于改良当地绵、山羊品种，希望其杂种后代一代更比一代好。但随着杂交代数的增加，虽然主要性状更趋于父本，但对饲养管理条件的要求会更高，也可能出现生活力和生产力下降的现象。级进杂交模式见图3-5。

被改良品种♀×改良品种♂
↓
F_1♀×改良品种♂
↓
F_2♀×改良品种♂
↓
F_3♀×改良品种♂
↓
F_4♀

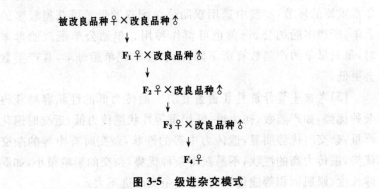

图3-5 级进杂交模式

28. 什么是轮回杂交？

轮回杂交又称连续性杂交，是由两个或两个以上品种公羊轮流参加杂交，杂种中除留一部分作下一级轮回杂交的母本外，其余杂种全部做商品育肥。这种杂交方法的优点是能利用杂种的母系杂种优势，减少纯种母羊、公羊的使用量，由于每次轮回杂交父母代羊之间都保持了较大的遗传差异，所以能获得较大的杂种优势。

29. 肉用母羊杂交的原则是什么？

(1)注意杂交父、母本的个体选择 公羊应当是经过系谱考察和后裔测定而被确认为高繁殖力的优秀个体，其体型结构理想，体质健壮，睾丸发育好，雄性特征明显，精液品质优良。母羊从多胎的母羊后代中不断选择优秀个体，以期获得多胎性能强的繁殖母羊，并注意母羊的泌乳、哺乳性能，也可根据家系选留多胎母羊。另外，初产羊的多胎率与其终生的繁殖力有一定联系，通过对初产母羊的选择，能够提高羊的多胎性能。

(2)采取正确的选配方法 正确选配对提高繁殖力来说也是非常重要的环节，实践中选用双胎公羊配双胎母羊可获得较多的羔羊，所产多胎的公、母羔也可留作种用。单胎公羊配双胎母羊时，每只母羊的产羔数有所下降，单胎公羊配单胎母羊，其产羔数会更低。

(3)考虑主要经济性状的遗传力 遗传力低的性状容易获得杂种优势，如产羔数、初生重、断奶重等性状遗传力低，近交时退化严重，杂交时优势明显，遗传力中等的性状，杂交时有中等的杂交优势，遗传力高的性状，不易获得杂种优势，杂交的影响很小，如胴体长度、眼肌面积等遗传力高，通过杂交改进不大。

(4)考虑父、母本的遗传差异 一般来说，亲本遗传基础(基因型)差异越大，杂种优势表现就越明显。如果两个亲本群体缺乏优良基因，或亲本群体纯度很差，或两亲本群体在主要经济性状上基因频率无多大差异，或缺乏充分发挥杂种优势的饲养条件，都不能表现理想的杂种优势。由此可见，杂种优势的利用，要采取培育亲本种群、选择杂交组合、创造适宜的饲养管理条件等一整套措施。

(5)性状的配合力测定 配合力是指不同品种和品系间配合效果,实践证明,一个品种(品系)在某一组合中表现得不理想,而在另一组合中的表现可能比较理想。因此,不是任意两种(或品系)的杂交都能获得较好的杂种优势,配合力表现程度受多方面因素影响,不同组合(品系)相互配合的效果不同,在相同环境里表现也不同,同一组合不同个体间配合的杂交效果不一样,在不同环境里表现也不同。因此,必须仔细进行配合力测定,找出适合于本地的最佳杂交组合,使双羔率、成活率、产羔率、增重率等不同程度提高。

(6)提供适宜的饲养管理条件 肉羊生产性能的表现是遗传基因与环境共同作用的结果,杂交组合模式的选择,不但要考虑后代的发育和生长速度,还要考虑当地的生态条件和可提供的饲养条件,选择既能明显提高生产性能,又能很好适应当地生活环境的杂交组合才是最佳方案。

30. 肉用绵羊杂交常用的模式有哪几种?

多年来,我国引进了许多良种肉羊品种并用于杂种肉羊生产。较常见的肉用绵、山羊杂交模式是两品种或三品种杂交。绵羊多用萨福克羊、陶赛特羊、特克赛尔羊或杜泊羊作为父本,小尾寒羊作母本。常用的杂交模式如下。

模式一:

黑头萨福克羊或无角陶赛特羊♂×小尾寒羊♀

↓

F_1 商品肉羊

模式二：

特克赛尔羊♂×小尾寒羊♀

↓

黑头萨福克羊♂×杂种一代♀

↓

F_1商品肉羊

模式三：

特克赛尔羊♂×小尾寒羊♀

↓

杜泊羊♂×杂种一代♀F_1

↓

F_2 商品肉羊

31. 肉用山羊杂交常用的模式有哪几种？

肉山羊较理想的杂交模式是波尔山羊与奶山羊杂交，生产中常用波尔山羊与当地山羊杂交，而且杂交效果都比较好。

模式一：

波尔山羊♂×奶山羊(非奶用)♀

↓

F_1♂♀商品肉羊

模式二：

波尔山羊♂×地方山羊♀

↓

F_2♂♀商品肉羊

模式三：

奶山羊♂×地方山羊♀

↓

波尔山羊♂×杂种一代♀F_1

↓

F_2商品肉羊

32. 在肉羊养殖中如何利用杂交优势？

杂种优势指两个性状不同的亲本(品种或品系)间杂交所产生的杂种一代，在生长发育、生活力、繁殖力、适应性以及产品质量等方面超过其双亲的现象。在肉羊生产中，杂交是获得最大产出率的手段之一，通过选择合适的杂交组合，不断提高产羔率、日增重、羔羊成活率、出肉率等，但是这并不意味着任何两个品种的杂交都能保证产生杂种优势。由于不同品种(种群)间的相互作用，既可以相互补充、相互促进，也可以相互抑制、相互抵消。参与杂交的品种在杂交中能否表现出杂种优势取决于它们基因群间的相互作用。所以，在利用杂种优势时应选择双亲的亲缘关系、生态类型、地理距离和性状上差异大的个体，可获得明显的杂种优势。

33. 影响肉羊杂交优势的因素主要有哪些？

影响肉羊杂交优势的因素主要是遗传基因与环境两个方面，共同作用影响着肉羊生产性能的发挥。环境因素中营养是最关键的因素之一，也就是说营养对杂交优势(基因表达)有较大影响，这种影响可能是直接的，也可能是间接的。一种基因表达可能受多种营养素的调节；一种营养素可调节多种基因的表达，不仅可对其本身代谢途径所涉及的基因表达进行调节，还可影响其他营养素代谢途径所涉及的基因表达；营养不仅可影响细胞增殖、分化及机体生长发育相关基因的表达，而且还可对致病基因的表达产生重要的调节作用。另外，饲养方法和环境温度对杂交优势的表现也有一定影响，营养供给不均衡时，饲养方法不合理，基因表达的性状虽然可以提高和加快，但产出的产品受到影响。因此，如果希望通过杂交获得理想的育肥效果，就要在满足生长、生产所需要营养，尽可能保持营养供给的连续性和稳定性，使羊在优越舒适的环境条件下生长。

四、肉羊的繁殖技术

1. 影响羊繁殖的主要因素是什么?

(1)品种 不同品种的产羔率、繁殖率等性能差异很大,国内绵羊以小尾寒羊和湖羊繁殖最具优势,引进的肉用型波尔山羊繁殖优势突出,是肉羊养殖的首选品种。

(2)营养 任何一种营养物质过多或过少都会影响羊的健康与繁殖性能,所以饲料的合理搭配非常重要。营养不全面、不平衡,对公羊影响精子生成,精子活力下降,密度变稀,睾丸萎缩,配种能力降低等。对母羊引起卵巢和子宫幼稚,发情不明显,或抑制发情,影响胚胎发育,出现畸形、流产、弱羔、死羔、母羊缺乳等。

(3)体况 是指羊的膘情,无论公羊、母羊过肥或过瘦都会影响繁殖力。公羊过肥,自身过重,容易疲劳,性欲较差,引起睾丸生殖细胞变性,畸形精子和死精子增多,性欲降低,精液少,品质差,活力低。母羊肥胖易引起内分泌障碍,使卵巢产生过多的雄激素,抑制排卵,降低性功能,出现卵巢静止,长期不发情或发情异常,严重影响受胎率和繁殖率。

(4)年龄 母羊的年龄和胎次对繁殖力的影响很大,一般情况下,第一胎产羔率较低,随着胎次的增加,产羔率上升。但第四胎以后趋于平稳,到第五胎开始下降,随着母羊年龄的增加,所产羔羊体质相对较差,因此2~4岁是母羊的繁殖高峰期。

(5)精液污染 在输精时,有可能将环境性致病菌带进子宫腔,其代谢产物刺激子宫黏膜分泌前列腺素 F_2,使黄体消退,微生物还可能直接使精子、合子和胚胎死亡。

(6)不适时配种 不管是老化卵子与老化精子，新排卵子与老化精子的结合，都会出现胚胎早期退化现象。如推迟配种虽然可使接近受精末期的卵子受精，但由于卵子老化，大多数不能继续正常发育，胚胎被吸收或胎儿发育异常。

(7)遗传缺陷 在近亲繁殖情况下，可能形成纯合子畸形胚胎，因此近亲繁殖会增加胚胎死亡率，而杂交繁育可以减少胚胎损失。

(8)其他 如子宫疾病、内分泌紊乱、发热、应激、误用药物、接种疫苗、饲料中含有害物质引起中毒等，均影响母羊正常发情，使精子、卵子发育、受精、胚胎成活、胎儿发育、羔羊的成活率受到不同程度影响。

2. 肉羊有繁殖季节吗?

由于羊的发情表现受光照长短变化的影响，而光照长短变化是有季节性的，所以羊的繁殖也是有季节性规律的。母羊大量发情的季节，称为羊的繁殖季节。

绵羊、山羊属于短日照型繁殖动物。绵羊、山羊的繁殖季节开始于秋分，即光照时间由长变短的时期，结束于春分，即光照时间由短变长的时期。但光照的长短并不是控制繁殖季节的唯一因素，其他因素如温度、湿度、营养、管理等对于繁殖季节也有不同程度的影响。在非繁殖季节，春、夏季卵巢功能活动处于静止状态，母羊不会发情排卵，称之乏情期。繁殖季节的长短与品种、年龄、营养、泌乳阶段等有关，在非繁殖季节垂体相对不活泼，分泌到血液中的促性腺激素极其有限，对卵泡的生长起不了刺激作用，母羊不发情，不排卵。

绵羊繁殖季节一般在 7 月份至翌年的 1 月份，而发情最多最集中的时间是8～10月份。在一些绵羊品种中,繁殖季节的长短也是一个遗传性状,有些品种的繁殖季节出现于夏季6～7月份,如陶赛特母羊的繁殖季节比其他品种都要长,可充分利用陶赛特品种的这一特性,安排全年生产供应羔羊肉。山羊的发情表现对光照的影响反应没有绵羊明显,所以山羊的繁殖季节多为常年性的,一般没有限定的发情配种季节。公羊的繁殖不管是山羊或绵羊,都没有明显的繁殖季节,常年都能配种,但公羊的性欲表现,特别是精液品质,也有季节性变化的特点,一般还是秋季最好。

3. 什么是肉羊的初情期?

母羊生长发育到一定的年龄时开始出现发情和排卵,称母羊的初情期。初情期以前,母羊的生殖道和卵巢生长较慢,不表现性活动,初情期以后,随着第一次发情和排卵,生殖器官的大小和重量迅速生长,性功能也随之发育,羊的初情期一般为4～8月龄,其表现迟早还受到气候、营养因素以及自身发育等因素的影响。

4. 什么是肉羊的性成熟?

性成熟是指绵羊、山羊生长发育到一定年龄,生殖器官已发育完全,生殖功能达到了比较成熟的阶段,具备了繁殖后代的能力,母羊有周期性的发情表现,公羊能产生具有正常受精能力的精子。羊的性成熟受品种、营养水平和气候等因素影响。一般来说,山羊的性成熟比绵羊早,膘情好的羊比膘情差的早,南方羊比北方羊早。南方农区大部分山羊品种在4～5月龄性成熟,而生活在北方寒冷地区的普通山羊通常到5～6月龄性成熟,绵羊一般在4～10月龄性成熟,小尾寒羊为5～6月龄,湖羊为4～5月龄,而营养不良的绵羊、山羊性成熟年龄可能推迟到1岁以后。

5. 母羊的发情特点是什么？

羊属于季节性、短日照性多次发情动物，一般在秋分后出现多个发情周期，绵羊平均为 17 天，山羊平均为 21 天，发情持续时间为 18～45 小时。产后第一次发情多在产后 25～45 天，最早者也出现在产后第十天发情。因品种、营养、饲养环境、气候等因素不同，可出现全年性发情和季节性发情，一般营养、饲养环境条件好，气候温和的地区多为全年性发情，营养不均衡、饲养条件差，气候偏冷地区多为季节性发情。

6. 肉用母羊发情的主要表现是什么？

(1)行为表现 大多数母羊出现性欲、兴奋不安；食欲减退，反刍和采食时间明显减少；频繁排尿，喜欢接近公羊，并不时地摇摆尾巴，用头、前肢触及公羊，有的用后躯主动靠近公羊；发情初期对公羊若即若离，不接受公羊爬跨，发情旺期公羊爬跨时静立不动，对人温驯；母羊间也有相互爬跨、打响鼻表现。发情后期拒绝公羊爬跨。

(2)生殖器官变化 外阴部充血肿胀，由苍白色变为鲜红色，阴唇黏膜红肿；阴道间不断地排出鸡蛋清样的黏液，初期较稀薄，后期逐渐变得浑浊黏稠，子宫颈松弛开放。卵泡发育，后期排卵。

(3)分泌生殖激素 山羊的发情征状及行为表现很明显，特别是咩咩叫、摇尾、相互爬跨。绵羊则没有山羊明显，甚至出现安静发情，安静发情与生殖激素水平有关，绵羊的安静发情较多，常采取公羊试情的方法来鉴别是否发情。

7. 肉用母羊发情鉴定的方法是什么?

母羊的发情鉴定主要采用试情的方法,结合外部观察即可清楚地鉴定出母羊发情与否及其发情的程度。首先,要根据发情季节和上次发情的情况,预计母羊群的发情状况,做到心中有数。其次,在母羊发情季节,特别是每个发情周期开始和结束的几天,要做到多观察。试情时,将结扎试情兜布的公羊,按一定比例(通常为1∶40)放入母羊群内,每天早晨和傍晚,将试情羊赶入母羊群中,在羊圈前运动场上,让其追逐母羊或用鼻嗅、蹄刨、爬跨等。如果母羊站立不动,接受爬跨或排尿,表示已经发情,则应拉出,涂以标记并配种,隔半天再配1次。处女羊对公羊有畏惧现象,即应细心观察,如果其站立不动让公羊接近,或公羊久追不放,这样也应当做发情羊拉出。试情圈的面积以每只羊1.2～1.5米^{2}为宜,为了试情彻底和正确,力求做到不错、不漏、不耽误时间,试情时要求"一准二勤":"一准"是眼睛看得准,"二勤"是腿勤和手勤。

8. 肉用母羊的发情周期是怎样的?

母羊从发情开始到发情结束后,经过一定时间又周而复始地再次重复这一过程,两次发情开始间隔的时间就是羊的发情周期。绵羊正常发情周期的范围为14～19天,平均为17天。山羊正常发情周期的范围为12～24天,平均为21天。羊发情持续期一般为12～55小时,也有长达3～4天的个体,平均持续期为30小时。

9. 怎样确定肉用母羊的初配年龄?

母羊的初配年龄与气候条件、营养状况等有关。通常山羊的初配年龄多为10～12月龄，绵羊的初配年龄多为8～10月龄，国外引进品种一般性成熟较晚，有的可持续到1.5岁。有些地方绵羊、山羊品种5月龄即可出现发情表现，生产中以羊的体重达到成年体重的70%时进行第一次配种。

10. 影响肉用母羊发情的主要因素有哪些？

(1)光照　光照对母羊性活动的影响比较明显，主要取决于光照的时间长短，当每年日照时间由长变短时，大部分羊开始发情，羊的发情季节多在秋季，春季也是一个发情季节，但不如秋季发情表现旺盛和突出。

(2)温度　温度对母羊繁殖性能的影响比光照的影响要小，羊普遍表现为怕热不怕冷，许多地方品种羊在冬季比较寒冷的环境条件下也能正常繁殖。但在高温条件下，公羊的性欲减弱，精子的形成和活力受影响，母羊发情不明显，排卵受阻，从而影响羊的配种受胎率。

(3)营养　营养对母羊发情有直接的影响，营养丰富，羊的膘情好，则发情提前，羊群发情整齐，发情时间长，发情周期多，排卵数多，受胎率高；反之，则羊的发情推迟或不发情，排卵少或不排卵，受胎率低。

(4)异性刺激　公、母混群饲养，公羊的气味可刺激母羊早发情早配种。

(5)催情药物　将浸有孕激素的海绵栓置于子宫颈外口处10～14天，停药后注射孕马血清促性腺激素400～500单位，经30小时左右即发情。也可用黄体酮、甲羟孕酮、甲地酮、18甲基炔诺酮、中草药等任何一种，每天拌入饲料内，连喂12～14天。

11. 肉用母羊的配种方法有哪几种?

肉用母羊的配种方法主要有2种:一种是自然交配,另一种是人工授精。

12. 什么是自然交配?

自然交配是让公羊和母羊自行直接交配的方式,这种配种方式又称为本交,由于生产计划和选配的需要,自然交配又分为自由交配和人工辅助交配。

13. 什么是自由交配?

自由交配是按一定公、母羊比例,将公、母羊同群放牧饲养,一般公、母羊比例为1∶20,最多1∶30,母羊发情时便与同群的公羊自由进行交配。这种方法又叫群体本交,其优点是可以节省大量的人力、物力,也可以有效减少发情母羊的失配率,适合家庭小型羊场。缺点是公、母羊混群放牧饲养,配种发情季节,性欲旺盛的公羊经常追逐母羊,影响采食和抓膘,公羊需求量相对较大,一头公羊负担15～30头母羊,不能充分发挥优秀种公羊的作用,特别是在母羊发情集中季节,无法控制交配次数,公羊体力消耗很大,将降低配种质量,也会缩短公羊的利用年限。

由于公母混杂,无法进行有计划的选种选配,后代血缘关系不清,并易造成近亲交配和早配,从而影响羊群质量,甚至引起退化。不能记录确切的配种日期,也无法推算分娩时间,给产羔管理造成困难,易造成意外伤害和妊娠母羊流产,由生殖器官交配接触的传染病不易预防控制。

14. 什么是人工辅助交配？

人工辅助交配是平时将公、母羊分开饲养，经发情鉴定把发情母羊从羊群中选出来和选定的公羊交配。这种方法克服了自由交配的缺点，如有利于选配工作的进行，防止近亲交配和早配，减少了公羊的体力消耗，有利于母羊群采食抓膘，能准确记录配种时间，做到有计划地安排分娩、接产和产羔管理等。人工辅助交配要对母羊进行发情鉴定、试情和牵引公羊等，花费的人力、物力较多，在羊群数量不大时采用。

15. 什么是人工授精？

人工授精是利用器械采集公羊的精液，经过精液品质检查和一系列处理，再将精液输入发情母羊生殖道内，达到母羊受胎的配种方式。人工授精可以提高优秀种公羊的利用率，比本交提高与配母羊数十倍，节约饲养大量种公羊的费用，加速羊群的遗传进展，并可防止疾病传播。

16. 如何根据牙齿鉴定羊的年龄？

羊的年龄可根据门齿的生长、发育、脱换、磨损和松动等情况做出判断。羊共有 32 枚牙齿，上颌无门齿，仅有 12 枚臼齿，每边各有 6 枚；下颌有 8 枚门齿，另有 12 枚臼齿，每边各有 6 枚。下颌 8 枚门齿中，最中间的 2 枚叫切齿，也叫钳齿，紧靠切齿的 1 对为内中间齿，再外面的 1 对为外中间齿，最外面的 1 对叫隅齿。幼羊的牙齿叫乳齿，洁白而细小。通常情况下，羊出生时就有 6 枚乳齿，3～4 周龄时，8 枚乳齿长齐，1 岁时第一对乳齿更换成宽大的永久性门齿(钳齿),2岁时内中齿脱换,3岁时外中齿脱换,4岁时隅齿脱换,常称为"口齐",5岁时个别门齿有明显的磨损出现齿星,6岁时磨损更多,门齿间出现明显的缝隙,齿龈凹陷,齿冠变小,7～9岁时牙根松动并陆续脱落。饲养管理条件会影响牙齿的脱换和磨损,如饲料中钙、磷比例失调,羔羊乳齿脱换时间会推迟,成年羊永久齿开始质地变松,过早脱落。实际养羊中根据牙齿判断羊的年龄还要参考当地环境情况及饲养管理条件,做出判断。

17. 提高母羊受胎率的关键环节及配种的基本原则是什么?

(1)母羊不宜过早配种　母羊一般在6～8月龄性成熟,早熟品种4～6月龄性成熟,但由于母羊在妊娠和哺乳期间需要消耗大量营养物质,过早配种不仅影响其本身的生长发育,还影响胎儿的发育,所产羔羊初生重小、体质弱、死亡率高。因此,发育良好的早熟品种母羊可在8～10月龄开始配种,晚熟品种可推迟至1～1.5岁。

(2)日粮营养水平全面　蛋白质水平过高时,血清黄体酮含量下降,直接影响胚胎的存活,过多的蛋白质可导致体组织中氨、尿素及其他含氮化合物浓度升高。母羊血液中较高的氨和尿素浓度可引起生殖系统中氨和尿素含量升高,从而损害生殖功能,影响内分泌和黄体功能,进一步影响胚胎的存活,氨对卵子和早期胚胎有直接毒害作用。因此,羊日粮中应保持一定的能量水平,控制蛋白质饲料用量。

(3)繁殖母羊体况良好　过肥或过瘦对母羊繁殖力有一定危害。过肥的羊内分泌障碍,体内胰岛增加,卵巢产生过多的雄激素,抑制排卵。羊吸收大量类固醇于脂肪中,引起外周血液类固醇激素水平下降,造成卵巢和输卵管等生殖器官的脂肪沉积,卵泡上皮细胞变性，影响卵子的发生、发育、排出，造成卵巢静止、卵泡闭锁、排卵延迟，长期不发情或发情异常，从而降低了性功能，影响受胎率和繁殖率。母羊瘦弱，同样影响羊体内分泌活动，使性腺功能减退，生理功能紊乱，主要表现为不发情、安静发情，妨碍胚胎的生存和生长，母羊在妊娠后期营养严重不足，不仅会影响羔羊初生重和生活力，对怀双羔母羊更加明显。提高营养水平可使母羊的排卵数量和产羔数量增加，产羔率可提高 10%～20%，因此，在繁殖季节开始前 2～3 周起，就应加强母羊饲养管理，尤其要注意妊娠后期母羊的营养供给。

(4)灵活采用配种方法 羊自然交配(本交)，进入母羊生殖道的精子数量较多，受胎的机会自然就多；精子未受到外界不利因素的影响，生命力更加顽强，前行速度和受胎机会较多；母羊不会因捕捉、保定受到惊吓或机械损伤等刺激而出现生殖道异常收缩现象，精子会更顺畅地向前运行，直至受精，所以受胎率较高。人工授精大大提高了优秀种公羊的利用率，节约了大量的人力、物力、财力，是目前普遍采用的配种方法。

(5)精液品质 精液品质好，精子好和活力强，密度符合标准，配种后受胎率高；反之，受胎率低。

18. 肉用母羊妊娠后的主要表现是什么？

母羊配种后经过 1～2 个发情周期不再出现发情表现，即可初步认为妊娠。母羊妊娠后的主要表现为阴门收缩，性情安静、温驯，举动小心迟缓，食欲好，吃草和饮水增多，被毛光滑润泽，腹围、乳房逐渐变大。

19. 肉用母羊妊娠后腹壁探测的基本要领是什么?

母羊一般妊娠2个月后就可用腹壁探测法检查,检查在早晨空腹时进行,检查者面向母羊的后躯骑在颈夹部,两腿用点力对羊的颈夹部进行保定,弯下腰将两手从两侧放在母羊腹部乳房的前方,将腹部微微托起,左手将羊的右腹向左侧微推,左手的拇指、食指叉开就能触摸到胎儿,60天以后的胎儿能触摸到较硬的小块,90～120天就能摸到胎儿的后腿腓骨,随着日龄的增长,后腿腓骨由软变硬。当手托起腹部手感有一硬块时,胎儿仅有1个,若两边各有一硬块时为双羔,在胸的后方还有一块时为3羔。腹壁探测法检查时手要轻巧灵活,仔细触摸各个部位,切不可粗暴生硬,以免造成胎儿受伤、流产,腹壁探测法检查的准确性要高需经长期的实践来积累经验。

20. 肉羊的妊娠期有多长?

羊从开始妊娠到分娩的期间为妊娠期,羊妊娠期一般为150天左右,即5个月左右。但因不同品种、个体、年龄及羊所处的饲养管理条件不同而存在差别。例如,早熟羊在饲养管理优越的条件下,妊娠期较短,为142～145天,北方养羊饲养管理条件较差,妊娠期相对较长,为146～151天。

21. 怎样计算肉用母羊的预产期?

母羊妊娠后,为做好分娩前的各项准备工作,应准确推算产羔期,即预产期。羊的预产期可用公式推算,即配种月份加5,配种日期数减 2。

例 1:某羊于 1998 年 4 月 26 日配种,它的预产期为:

4+5=9(月)………预产月份

26-2=24(日)………预产日期

即该羊的预产日期是 1998 年 9 月 24 日。

例 2:某羊于 2001 年 10 月 9 日配种,它的预产期为:

(10+5)-12=3(月)……预产月份(超过 12 个月,可将分娩年份推迟 1 年,并将该年份减去 12 个月,余数就是下一年预产月份)。

9-2=7(日)………预产日期

即该羊的预产日期是 2002 年 3 月 7 日。

22. 肉羊分娩前应做哪些准备工作?

(1)产房的准备 大群养羊的场(户),要有专门的接产育羔舍,即产房。产房内应有采暖设施,如安装暖气、火墙、地暖、火炉等,但尽量不要在产房内用麦秸点明火升温,以免因烟熏而患肺炎和其他疾病。产羔期间要尽量保持产房恒温和干燥,一般温度 5℃~20℃为宜,空气相对湿度保持在 50%~55%。产羔前应把产房提前 5~7 天打扫干净,墙壁和地面用 2%~5%氢氧化钠或 2%~3%来苏儿消毒,在产羔前消毒 2~3 次。将栏具及饲槽和草架等用具检查、维修、清洗、消毒等。

(2)饲草饲料的准备 绵羊、山羊的繁殖都具有相对的季节性,因而产羔也同样具有季节性。大多是春、秋两季,特别是产的冬春羔当年可进入繁殖配种或育肥出栏,因此冬、春产羔优于秋季产羔。但我国大部分地区冬春季节气候寒冷,牧草枯萎时间较长,特别是积雪天,母羊采食困难,由于营养不足,母羊将耗费自身体能营养以维持胎儿后期迅速生长发育的需要。由此将造成母羊身体虚弱,分娩无力易形成难产,或产后奶量不足,羔羊受冻受饿,所以贮备产羔季节的草料是非常重要的。大型羊场,应就近预留草场,专作产羔母羊的放牧地,母羊在产羔前后几天不要出牧,在产房内饲喂。冬、春草料补饲应在母羊妊娠后期进行,不能到临产时才开始补给营养。为了有利于母羊泌乳,贮备足够的青贮饲料、多汁饲料是非常必要的。

(3)母羊产前饲养管理 临产前一周母羊尽量在产房内单栏饲养,适当减少精料用量,饲喂优质干草、鲜草及胡萝卜等,在产羔比较集中时要在产房内设置分娩栏,既便于避免其他羊干扰又便于母羊认羔,一般可按产羔母羊数10%配备。

(4)药品器械的准备 产前应备足5%碘酊、75%酒精、高锰酸钾、来苏儿、药棉、纱布、手电筒及产科器械等。

23. 如何正确给母羊接产?

接产前接生人员要剪去临产母羊乳房周围和后肢内侧的被毛,以免妨碍初生羔羊哺乳和吃下脏毛,有些品种羊眼睛周围密生有毛,为不影响视力,也应剪去。用温水洗净乳房,并挤出几滴初乳,再将母羊的尾根、外阴部、肛门周围用0.1%高锰酸钾溶液洗净,并用1%来苏儿消毒。

母羊分娩开始是以子宫颈的扩张和子宫肌肉有节律性地收缩为主要特征,在这一阶段,每15分钟左右收缩1次,每次约20秒钟,由于是一阵一阵地收缩,故称之为"阵缩"。在子宫阵缩的同时,母羊的腹壁也会伴随着发生收缩,称之为"努责",阵缩与努责是羔羊能顺利产出的基本动力,在这个阶段扩张的子宫颈和阴道成为一个连续管道,胎儿和尿囊绒毛膜随着进入骨盆入口,尿囊绒毛膜开始破裂,称之为"破水",尿囊液流出阴门,这一阶段时间为

0.5～24小时，平均为2～6小时。随后胎儿继续向骨盆出口移动，同时引起膈肌和腹肌反射性收缩，使胎儿通过产道产出。若“破水”后超过6小时，胎儿仍未产出，即应考虑胎儿产式是否正常，超过12小时，即应按难产处理。胎儿从显露到产出体外的时间为0.5～2小时，产双羔时，先后间隔5～30分钟，胎儿产出时间一般不会超过2～3小时，母羊产出第一只羔羊后，如仍表现不安，卧地不起，或起立后又重新躺下、努责等，可用手掌在母羊腹部前方适当用力向上推举，如是双羔，则能触到一个硬而光滑的胎体。如果时间过长应进行助产或按难产进行合理处治，经产母羊在正常情况下“破水”后10～30分钟，羔羊即能顺利产出，一般两前肢和头部先出，若先看到前肢的两个蹄，接着是嘴和鼻，即是正常胎位，当胎儿头部露出来后，即可顺利产出，不必助产。

羔羊产出后，应迅速将口、鼻、耳中的黏液抠出，以免呼吸困难窒息死亡，或者吸入气管引起异物性肺炎。羔羊身上的黏液必须尽可能让母羊舔净，如母羊恋羔性差，可把胎儿身上的黏液涂抹在母羊鼻嘴周围，引诱母羊把羔羊身上舔干，如天气寒冷，则用净布或干草迅速将羔羊身体擦干，免得受凉。羔羊出生后，一般母羊站起，脐带自然断裂，这时在脐带断端涂5%碘酊消毒，如脐带未断，可在离脐带基部5～8厘米处将内部血液向两边挤，然后再此处剪断或结扎后剪断，断面涂抹5%碘酊消毒。

24. 母羊出现难产的主要原因有哪些？

第一，母羊产前饲料营养水平不足、不平衡，引起身体瘦弱或过度肥胖，造成母羊临产阵缩及努责微弱等。

第二，母羊配种过早，没有达到配种的体重要求。母羊生长发育受阻，骨盆发育不良，造成骨盆狭窄等。

第三，母羊产前运动量不足。特别是舍饲羊由于产前运动量不够，母羊骨盆韧带、子宫仍没有完全松弛，产道不畅通。

第四，胎儿过大，胎位不正，一般常见的胎势不正有头出前肢不出，前肢出头不出，后肢先出，胎儿上仰，胎儿侧向后方，臀部先出，四肢先出等，均可引起难产。

第五，母羊先天性阴道狭窄、子宫颈狭窄等。

25. 母羊难产救助的方法是什么？

在母羊破水后 20 分钟左右，母羊不努责，胎膜也未出来，应及时助产，助产必须适时，过早不行，过晚则母羊精力消耗太大，羊水流尽不易产出。这时就应检查胎势是否正常，然后矫正胎势，即用手将胎儿轻轻摆正，让母羊自然产出胎儿。助产员要剪短、磨光指甲，洗净手臂并消毒、涂抹润滑剂，先帮助母羊将阴门撑大，把胎儿的两前肢拉出来再送进去，重复 3～4 次，然后一手拉前肢，一手扶头，配合母羊的努责，慢慢向后下方拉出，注意不要用力过猛。也可用两手指伸入母羊肛门内，隔着直肠壁顶住胎儿的后头部，与子宫阵缩配合拉出，只要不伤及产道即可。另一种情况是初产母羊，一般当羔羊嘴已露出阴门后，手用力捏挤母羊尾根部，羔羊头部就会被挤出，同时拉住羔羊的两前肢顺势向后下方轻拖，羔羊即可产出。

26. 假死羔羊如何进行救治？

羔羊产出后，心脏虽然跳动，但不呼吸，称为“假死”，抢救“假死”羔羊的方法很多。擦净鼻孔周围黏液、羊水，向鼻孔吹气或进行人工呼吸；可以把羔羊放在前低后高的地方仰卧，手握前肢，反复前后屈伸，轻轻拍打胸部两侧；或提起羔羊两后肢，使羔羊悬空并拍击其背、胸部，使堵塞咽喉的黏液流出，并刺激肺呼吸。有的群众把救治“假死”羔羊的方法编成顺口溜：“两前肢，用手握，似拉锯，反复做，鼻腔坦，喷喷烟，刺激羔，呼吸欢”。严寒季节，放牧地离羊舍过远或对临产母羊护理不慎，羔羊可能产在室外，因受冷，呼吸迫停，周身冰凉，遇此情况时，应立即移入温暖的室内进行温水浴，洗浴时水温由38℃逐渐升到42℃，羔羊头部要露出水面，切忌呛水，洗浴时间为20～30分钟，同时要结合急救“假死”羔羊的其他办法，使其复苏。

27. 产后母羊如何进行护理？

母羊在分娩过程中要消耗许多能量，同时也失去较多的水分，新陈代谢功能下降，抵抗力减弱。此时如果护理不当，不仅影响母羊的健康，使其生产性能下降，还会直接影响到羔羊的哺乳。

(1)检查胎衣 母羊产后在正常情况下2～3小时排出胎衣，胎衣排出后应仔细检查胎衣是否完整，有无病变，如果发现异常，或超过3小时不见排出胎衣，应及时采取处治措施。

(2)注意产房环境 产后母羊应注意保暖、防潮，避免贼风，预防感冒，并使母羊安静休息。

(3)注意供给温水 产后1～2小时，给母羊饮用加少许食盐和麸皮的温水、米汤或豆浆，但不宜过多，更不能饮冷水。

(4)供给优质草料 喂给优质易消化的青干草、鲜草和胡萝卜等营养丰富的饲草。精料不宜过多，可减至原饲喂量的70%左右，1周后逐渐恢复并增加饲喂量。

(5)饲养管理 放牧的羊在产后1周应在舍内同羔羊一起饲喂，方便羔羊哺乳，对多胎母乳不能保证羔羊需要，应将羔羊寄养。按时按量供给营养丰富的草料，保持圈舍干净卫生，细心观察母羊的饮食及排粪、排尿等。

28. 肉羊繁殖新技术主要有哪些?

随着科学技术的不断发展进步,利用羊的繁殖生理原理,在肉羊的繁殖过程中可采用的新技术有:冷冻精液配种、胚胎移植、早期妊娠诊断、同期发情、超数排卵等。这些新技术大大提高了肉羊养殖繁殖率和生产能力,产生了很好的经济效益和社会效益。

29. 肉用羊的利用年限有多长?

无论公羊、母羊的利用年限,均与饲养管理有密切的关系,营养缺乏或营养过度都会影响母羊的利用年限。母羊一般 7 岁以后繁殖力逐渐衰退,直到丧失繁殖力和生产力。公羊的利用年限除与营养水平、饲养管理条件有关外,还与配种强度密切相关,公羊、母羊一般可利用 8～10 年。

30. 怎样确定肉用公羊的初配年龄?

一般绵羊、山羊公羊在 6～10 月龄、晚熟品种在 10～12 月龄时性成熟,性成熟的羊虽然已具备了配种繁殖能力,却不宜过早配种,因为此时它们的身体正处于生长发育阶段,公羊过早配种可导致元气亏损,严重影响生长发育。所以,公羊初配年龄应在 12 月龄左右,正式用于配种应当在 15～18 月龄以后。

31. 如何合理利用种公羊?

(1)适度配种 过度配种可导致公羊肾功能亏损,体质下降,缩短使用年限,严重过度配种可使一只优秀公羊在一两年内丧失性欲，被迫淘汰。因此，成年公羊日采精或配种次数以1～2次为宜，即使在繁殖季节，也不应超过3次，而且每周应安排休息1～2天。刚投入配种10月龄的公羊，每周配种或采精2～3次，15～18月龄可投入正常使用。

(2)严防过早配种 绵羊、山羊生长到一定年龄，生殖器官已发育完全，并出现第二性征，也具备了繁殖后代的能力，称为性成熟。性成熟的羊虽然已具备了配种繁殖能力，却不宜过早配种，因为此时它们的身体正处于生长发育阶段，公羊过早配种可导致损伤元气，妨碍其生长发育。

(3)给予中药保健品添加剂 对繁殖季节采精或配种次数较多的公羊应服用壮腰健肾丸和六味地黄丸(两种药物配合服用)，可连续服用10～20天，每天2次，也可每天加喂生鸡蛋1～2枚。

(4)坚持运动 公羊坚持运动可提高食欲，增强身体素质，减少疾病的发生，保持旺盛的精力，提高配种能力。舍饲种公羊每天早、晚各运动1次，每次要在1小时以上，若是放牧饲养，放牧和运动一举两得，每次持续时间不少于2小时。

32. 提高肉羊繁殖力的主要措施有哪些?

(1)加强选育及选配 公羊从繁殖力高的母羊后代中选择，母羊从初产双羔的优秀个体中选择，以期获得具备多胎性能的繁殖母羊，并注意母羊的泌乳、哺乳性能。选用双胎公羊配双胎母羊，对所产多胎的公、母羊留作种用。

(2)选择引入多胎品种的遗传基因 引进多胎高产品种，用多胎高产品种与地方品种羊杂交，是提高肉羊繁殖力最快、最有效和最简便的方法。

(3)改善繁殖公、母羊的饲养管理水平 加强营养物质全面均衡供给，在母羊配种前，每只每天补给优质精料可使发情率、双羔率增加。配种季节应加强公、母羊的放牧补饲，适当提高母羊的营养水平，一方面延长放牧时间，早出晚归，尽量使羊有较多的采食时间；另一方面还应适当补饲草料，给予公母羊足够的蛋白质、维生素和微量元素等营养，合理的日粮搭配，特别注意让公、母羊有适当的运动。

(4)羔羊早期断奶 让母羊产后尽快进入下一个繁殖环节，实质上是控制母羊的哺乳期，缩短母羊的产羔间隔以控制繁殖周期，使母羊早日发情。早期断奶的时间可根据不同的生产需要与断奶后羔羊的管理水平来决定。一年两胎的，羔羊出生后1月龄断奶；三年五产的，产后1.5～2月龄断奶；对于二年三产的，产后2.5～3月龄断奶。

(5)适时配种 注意观察母羊的发情表现，做好发情鉴定，确保不失配种时机。配种适宜时间是，绵羊在发情开始后10～15小时，山羊在发情开始后第二天下午或第三天上午，根据母羊的发情征状采用人工辅助配种，也可采用重复输精，即在母羊发情后开始接受交配时输精1次，过10～12小时后再复配1次，使母羊在发情排卵期生殖道内保持足够活力的公羊精液。

(6)诱发母羊多排卵多产羔 注射促性腺激素药物孕马血清，诱发母羊在发情配种最佳时间同时多排卵，实现多排卵、多产羔，因为孕马血清除了和促卵泡素有着相似的功能外，同时还含有类似促黄体素的功能，能促使排卵和黄体形成。

(7)提高羊群适龄母羊比例 有计划地淘汰老龄母羊和不孕羊，补充青年母羊，3岁以下母羊双羔率高，因此3～6岁适龄母羊应占繁殖母羊群的50%～70%。

(8)实行密集产羔 密集产羔打破羊季节性繁殖的特征，全年发情，均衡产羔，最大限度地发挥繁殖母羊的生产性能，提高设备利用率。实行密集产羔的母羊，要求营养良好，年龄3～5岁，母性要好，泌乳量也应较高，满足多羔哺乳的需要。

(9)推广和利用繁殖新技术 繁殖新技术在肉羊生产中取得了令人瞩目的成就，已逐步得到推广和应用，表现出巨大潜力，可根据市场需要提高现有品种的繁殖力。

33. 肉羊同期发情的意义是什么？

同期发情技术就是利用激素和类激素药物，人为地控制和调整母羊的发情周期，使母羊在特定的时间内同时表现发情。同期发情有利于推广人工授精技术，集中配种，可以缩短肉羊繁殖周期，使繁殖不受季节限制，从而节省大量的人力、物力、财力；同时，又因配种时间同期化，对以后的分娩产羔，羊群周转以及商品羊的成批生产等带来方便。

34. 肉羊同期发情的方法是什么？

(1)前列腺素处理法 是在母羊性周期的黄体期，肌内注射1次或连续2天各注射1次PG，每次的注射量为0.3～0.6毫克，促进黄体退化，降低孕激素水平。第二次注射PG后的24小时，分别肌内注射800单位PMSG、80单位FSH或30单位LH各1次，注射PG后的60小时内，大部分羊就能表现出同期发情，一般山羊效果优于绵羊。

(2)孕激素处理法 是用外源孕激素继续维持黄体分泌黄体酮的作用，造成人为的黄体期而达到发情同期化。为了提高同期率，孕激素处理停药后，常配合使用能促使卵泡发育的孕马血清(PMSG)，采用口服、肌内注射、皮下埋植和放置阴道栓等处理的方法。

35. 人工授精技术的优点主要有哪些?

(1)提高优良种公羊的配种覆盖率 采用人工授精技术使参配母羊数比自然交配增加数倍甚至数百倍,特别是冷冻精液人工授精技术的推广应用,使1只优秀公羊每年可配种母羊数达万头以上。

(2)加速品种改良 由于人工授精技术的应用,极大提高了公羊的配种能力,使用优秀的公羊参与配种,使良种羊遗传基因的影响显著扩大,从而加快了肉用羊改良速度。

(3)降低饲养管理费用 由于每只公羊可配的母羊数增多,所以相应减少了饲养的公羊数量,既降低各种生产费用,又可以节约大量的饲料。

(4)防止生殖道传染病的发生 人工授精技术有严格的技术操作规程要求,只有健康的公、母羊才能参与配种,有效防止了由公羊传播的各种疾病,特别是由生殖道传播的疾病。

(5)提高母羊的受胎(精)率 人工授精所用的精液都经过质量检查,保证了精液的品质要求;对母羊经过发情鉴定,可以掌握适宜的配种时机;克服因公、母羊体格相差太大不易配种,及生殖道某些疾病不易受胎的困难,因此有利于提高母羊的受胎(精)率和减少不孕母羊的数量。

(6)提高了公羊使用的时间性和地域性 人工授精技术的广泛应用,可以跨越时间和空间的限制,以引进精液代替引进种公羊,可有效地解决种公羊不足地区的母羊配种问题。

36. 肉羊人工授精技术要点有哪些?

(1)采精 选择健康、体型较大的发情母羊作台羊,刺激公羊引起性欲。让公羊见到台羊后要牵引控制几分钟，再让它爬跨，采精人员用右手握住假阴道后端，固定好集精杯（瓶），并将气嘴活塞朝下。蹲在公羊的右后侧，让假阴道靠近母羊的臀部，在公羊爬上母羊的同时，迅速将公羊的阴茎导入假阴道内，切忌用手触摸阴茎。若假阴道内的温度、压力、滑度适宜，公羊后躯急速向前用力一冲，即完成射精。此时，顺公羊动作同向移动假阴道离开阴茎，并迅速将假阴道竖起，集精杯一端向下，然后打开活塞上的气嘴，排出假阴道内胎的空气，使精液流入集精杯内。

(2)精液品质的检查　观察集精杯刻度，山羊的射精量一般为0.6～1.4毫升，绵羊的射精量一般为0.6～2毫升。正常精液的色泽为乳白色、略带腥味，如精液呈浅灰色或浅青色，是精子数量少的特征，若为深黄色、粉红色、浅红色、红褐色、淡绿色、有絮状物等均为不合格精液。在200～600倍显微镜下观察，精子在温度37℃时都呈直线前进运动，活力在80%以上，畸形精子如巨型精子、短小精子、双头或双尾精子、头部或尾部弯曲的精子等不可使用。

(3)精液稀释的优点　在公羊每次射出的精液中，所含精子数目很多，真正参与受精作用的只有少数精子，将原精液做适当的稀释，增加精液的容量，配更多的母羊。稀释液中含有一些精子代谢所需的养分，同时具有缓冲精液酸碱度的能力，加入抗生素抑制细菌活力，所以精液稀释后，能延长精子的存活时间，有利于精液的保存和运输，有助于提高受胎率。

(4)稀释液的配方

配方1：柠檬酸钠1.4克、葡萄糖3克、青霉素5万～10万单位、链霉素5万～10万单位和蒸馏水100毫升。

配方2：柠檬酸钠2.3克、氨苯磺胺粉0.3克、蜂蜜10克和蒸馏水100毫升。

配方3：果糖1.25克、三羟甲基烷3克、柠檬酸钠1.7克、青霉素10万单位、链霉素10万单位和蒸馏水100毫升。

配方4:乳糖5克、葡萄糖3克、柠檬酸钠1克、青霉素10万单位、链霉素10万单位和蒸馏水100毫升。

(5)精液的稀释 在稀释精液时,稀释液的温度应与精液的温度一致。将精液和稀释液同时放入30℃的恒温箱或水浴锅做同温处理。在稀释精液时将稀释液沿着杯壁徐徐加入精液中,然后轻轻搅拌,使两者混合均匀。精液稀释比例一般为1∶5～20,精子密度在25亿个以上可高倍稀释,比例为1∶20～30。

(6)精液的分装与保存 精液分装与保存方法按温度分为3种:一是常温(室温)保存法,二是低温保存法如塑料细管保存,三是冷冻(超低温)保存法如冷冻精液颗粒液氮保存和塑料细管冷冻精液液氮保存。

(7)输精 见本部分第39问。

37. 低温塑料细管保存肉羊精液的方法是怎样的?

塑料细管保存是一种低温保存肉羊精液的方法。用直径为0.5厘米的无毒、无色、透明的软塑料管,每根长度剪成20厘米,经紫外线消毒4小时后备用。用金属输精器或皮试注射器安上长针头,将稀释好的精液注入塑料管内。注入时,左手将塑料软管弯成U形,右手拿注射器或输精器慢慢注入精液,每根细管注入量为0.5毫升,然后用火烙法将两端封口,每只羊精液分装的塑料管包装在一起,并进行标记,用纱布包好或装于事先缝制的棉布袋,放于常温或冰箱底层(3℃～5℃)保存。

38. 羊冷冻精液制作与保存方法是怎样的？

冷冻精液就是把精液在超低温环境下冷冻保存起来的精液。其目的是保持精子活力，延长精子存活时间，便于长距离运输，以扩大优良种公羊精液的利用范围。这种技术可以把种公羊的利用年限延长几十倍，而且可使最理想而不同时代的公、母羊交配，产生理想的后代。冷冻精液制作时的温度根据冷源确定，采用液氮(－196℃)或干冰(－79℃)，冷冻精液的制作与分装方法有颗粒冷冻法和塑料细管冷冻法两种。

稀释液配制：称取葡萄糖 3 克、柠檬酸钠 3 克，加蒸馏水至 100 毫升，溶解后水浴煮沸消毒 20 分钟，冷却后加青霉素 10 万单位、链霉素 0.1 克。取其溶液 80 毫升加卵黄 20 毫升制成Ⅰ液。按 22∶3 的比例取Ⅰ液和甘油混匀，制成Ⅱ液。

精液冷冻制作：检查采出的精液，活力在 0.65 以上者方可制作成冷冻精液。在 28℃～30℃下，用Ⅰ液进行 1∶1.5 倍稀释，包上 8 层纱布放在 4℃冰箱中预冷降温 1.5～2 小时。在 4℃条件下，加与Ⅰ液等量的Ⅱ液，摇匀。

颗粒冷冻法。将干冰置于木盒中，铺平压紧，用模板在冰面上压孔，孔径 0.5 厘米，深度 2～3 厘米，用滴管将定量平衡后的精液滴在孔内，迅速用干冰封住，3～5 分钟后，铲松干冰，将精液颗粒装入布袋，移到液氮罐或干冰保温瓶中保存。

塑料细管冷冻法。将干冰倒入容器，铺平压实，然后将分装好的装有精液的细管铺于干冰面上，迅速盖一层干冰，3～5 分钟后，将细管转入液氮罐或干冰保温瓶内贮存。

两种方法制成的冻精可用灭菌的布袋等包装，每只公羊每批冻精应该分别包装和标记，冻精袋注明公羊的品种、编号、冻精制作日期、批号和数量等。不同品种和不同个体的公羊冻精，可以用不同颜色的布袋或者不同颜色的标签，以便寻找和取用。

用液氮保存时，液氮罐内的液氮应全部浸没冻精，如果液氮不足 1/3 时，要及时补充。用液氮罐运输冻精应注意液氮罐的安全，要轻拿轻放，不能撞击，不能叠放或者侧置，装车运输时要外加外套、纸箱或者木箱，严防撞击和倾斜，长途运输途中注意及时检查和补充液氮。

39. 如何正确给母羊输精？

(1) 输精前的准备 输精前做好母羊的发情鉴定及健康检查。

(2) 精液解冻 精液解冻方法有干解冻法和湿解冻法。干解冻法是将冻精颗粒放入灭菌而干燥的小试管中，在 75℃～80℃水浴中融化至绿豆大小时，迅速取出置于手心中轻轻搓动，借助手温全部融化。湿解冻法是采用 40℃水温解冻颗粒精液。先把小试管用维生素 B_{12} 冲洗一下，放入冻精颗粒并快速在 40℃水中摇动至 2/3 融化，取出试管继续摇至全部融化。对于细管冻精可在饭盒内用 38℃～40℃的温水解冻，对所用的精液进行镜检，经镜检合格的精液方可用于输精，输精量为每次 1～2 粒。

(3) 输精方法 无论是鲜精还是冷冻精液输精都采用倒立法保定好母羊，保定者倒骑母羊，两腿夹住母羊颈部，两手提起母羊后肢，使母羊身体纵轴与地面呈 45°夹角，便于寻找子宫颈口，准确输精。用新配制的 0.1%高锰酸钾溶液，自流式冲洗母羊外阴部，再用生理盐水冲洗，用消毒纱布或毛巾擦干。输精时，输精员手持消毒好的开膣器，与地面呈 30°夹角，采用沿阴道背部先上、后平、再下的方法，插入母羊阴道内，打开开膣器上、下、左、右寻找子宫颈口，向子宫颈口插入输精器 1～3 厘米，放松开膣器，推送精液，然后抽出开膣器及输精器。用过的输精器械先用酒精棉球由前向后擦洗，再用生理盐水纱布擦洗 1 次，方可用于下次输精。

(4)输精时间 青壮年母羊发情持续期长，可在发情后12～24小时输精，即早晨发现发情，当天下午输精1次，第二天早晨再复配1次；傍晚发现发情，则在第二天早晨、下午各输精1次，若母羊继续发情，可再行输精1次。老龄母羊和处女羊发情持续期短，可在发情早期（发情8～12小时）配种，间隔12小时后再配第二次。

40. 肉羊冷冻精液配种技术要点是怎样的？

(1)搞好卫生消毒工作 输精前用0.1%高锰酸钾溶液清洗母羊的外阴部，再用生理盐水冲洗干净。

(2)做好母羊的发情鉴定 发情鉴定是提高受胎率的一个重要措施，需要认真观察母羊的发情表现，并利用试情公羊观察母羊是否接受爬跨等做出判断。

(3)掌握配种时机 不管是老化卵子与新排精子，还是老化卵子与老化精子，新排卵子与老化精子的结合，都会出现胚胎早期退化现象。如果推迟配种，虽然可使接近受精末期的卵子受精，但由于卵子老化，胚胎易被吸收或胎儿发育异常，老化的精子也可导致类似的情况，但由于输入的精液实际上含有成熟状态不同的精子，这种异质性减缓了早输精的不利影响。

(4)输精技术熟练 输精动作要轻而快，防止损伤母羊的阴道和子宫。

(5)在输精过程中注意消毒 如果发现母羊阴道有炎症，而又要使用同一输精器进行连续输精时，要用酒精棉球擦拭输精器进行消毒。擦完后，再用生理盐水棉球重新擦拭，才能对下一只母羊进行输精。

(6)其他 输精羊须做好记录，并挂上耳标给予标记，便于在群内识别。

41. 肉羊胚胎移植的基本概念是什么？

羊胚胎移植是将良种供体母羊的早期胚胎取出，移植到同种的生理状态相同的受体母羊体内，使之继续发育成为新的个体。羊胚胎移植可极大地提高优秀种母羊的利用率，减少引种支出；同时可使种羊实现批量生产，便于饲养管理，提高成活率，降低生产成本。胚胎移植是一项系统复杂的生物工程，需要一定的设备和专业人员来完成，其中任何一个环节都直接影响胚胎移植效果。

42. 肉羊频密繁殖技术要点是什么？

母羊频密繁殖技术是指将母羊发情诱导技术、羔羊早期断奶技术、母羊饲养管理技术等进行优化组合，合理组织生产，实现繁殖母羊一年两胎或两年三胎的一项综合技术。

一年两胎就是制定周密的生产计划，将饲养、兽医保健、管理等融合在一起，最终达到母羊一年生产两胎的生产目标，第一胎宜选在12月份，第二胎选在翌年7月份，母羊的年繁殖率提高90%～100%，管理严格，难度较大。两年三胎，母羊必须每8个月产羔1次，有固定的配种和产羔计划，羔羊通常在2月龄时断奶，母羊断奶后1个月进行配种。三年四胎是按产羔间隔9个月设计的，这种体系适宜于多胎品种的母羊。通常首次配种在母羊产后第四个月进行，以后几轮则是在产后第三个月配种。

参加频密繁殖的母羊要求健康、膘情中上等、泌乳性能良好，必须实施羔羊早期断奶，然后对母羊实施发情调控，保证最佳繁殖年龄3～4岁。良好的饲养管理条件和精细的生产组织管理，提高营养水平，特别是能量和蛋白质，喂给青绿多汁饲草，所选母羊全年发情，并且具有高繁殖率，如小尾寒羊、关中奶山羊、湖羊等。种公羊全年保持良好的健康状况和中上等膘情，每日喂优质干草2～2.5千克、多汁饲料1～1.5千克、胡萝卜1～2千克、鸡蛋2～3枚或牛奶1～2千克。日常做好种公羊的调教工作，公羊在配种前期需2～3天采精1次，有助于排出死精、老化精子。实施羔羊早期断奶，将羔羊哺乳期缩短到40～60天，甚至21天断奶，恢复母羊体况，保证母羊产羔后早发情。

43. 母羊诱产双羔技术要点是什么？

诱产双羔就是利用激素或免疫的方法引起母羊多排卵，提高产双羔的比例，采用的方法和原理，一种方法是通过外源激素让母羊多排卵，另一种方法是通过免疫技术增加母羊排卵。实验证明，双羔素或双羔苗使用效果与羊的品种、营养水平、母羊年龄、使用剂量和时间等因素有关，使用时必须对母羊有所选择。同时要加强饲养管理，使用不同制剂应严格按操作规程或说明书要求执行。

通过加强饲养，改进母羊体况以提高母羊的繁殖产羔率是非常有效的途径，这种方法在以放牧为主的羊群非常显著，配种前优饲对于常年处于高饲养标准母羊效果不显著，对处于低水平饲养条件下的羊群，配种前优饲很有效，可显著提高双羔率，而且对于提高羊羔初生重和产后母羊泌乳均有好处。

五、肉羊的饲养与管理技术

1. 肉羊的生活习性主要有哪些?

(1)绵羊的生活习性

①采食能力强　羊嘴尖,唇薄,非常灵活,下颚门齿向外有一定的倾斜度,所以羊可以啃食到很短的牧草,在荒漠、半荒漠地区,牛、马等家畜不能放牧利用的短草牧场,羊可以很好地利用。

②采食饲草范围广　羊可采食各种牧草,还可以充分利用各种农作物秸秆、秕壳、树叶、农副产品加工下脚料等。

③合群性强　绵羊的合理性比其他家畜都强,即使在牧草密度低的牧场,也保持成群结队一起牧食,地方品种比培育品种的合群性强。

④性情温驯,胆小懦弱　遇到突然的惊吓、意外杂音等容易发生"炸群"而四处乱跑。绵羊的自我保护能力较差,在大风天气,常常顺风惊跑而发生累死或冻死。因此,放牧地应保持相对安静,冬、春季节风速较大时放牧要加强看护工作。

⑤喜干厌湿,耐寒怕热　绵羊宜在干燥通风的地方采食和休息,圈舍湿热、湿冷和低洼潮湿的草场对生长发育不利,容易感染各种疾病,繁殖能力明显下降。夏季炎热天气放牧,常常发生低头拥挤、呼吸急喘、驱赶不散的"扎窝子"现象。

⑥其他　绵羊放牧时喜欢边走边吃,这是绵羊自人类驯化以来一直以放牧饲养为主,使其原有的生活习性得以完整延续的结果。这种放牧的逍遥运动距离可达 5～10 千米,放牧绵羊的发病

率明显低于舍饲绵羊。因此，在舍饲绵羊时，要设置足够的运动场。另外，绵羊还有黎明或傍晚交配的习性。因此，在采用人工输精时，为获得较高的受胎率，输精时间最好选择早晨。

(2)山羊的生活习性

①活泼好动　山羊生性好动，除卧地休息和反刍外，大部分时间处于走走停停自由逍遥运动中，羔羊的好动性表现得尤为突出，经常前肢腾空、身体站立、跳跃嬉戏。

②喜欢登高　山羊有很强的登高和跳跃能力，一般绵羊不能攀登的陡坡和悬崖，山羊却可以行走自如；绵羊不能跨越的障碍，山羊却可以轻松越过。根据山羊的这一习性，舍饲山羊时应设置宽敞的运动场，圈舍和运动场的墙要有足够的高度。

③采食性广，适应性强　同其他家畜相比，山羊对生态的适应能力较强，凡是有人生活的地方，都有山羊存在，无论高山或平原，森林或沙漠，热带或寒带，沿海或内陆均有山羊分布，山羊在地球上的地域分布广远超过其他草食家畜。我国南方许多省(市)没有绵羊，但却饲养着一定数量的山羊。山羊对水的利用率高，使它能够耐受缺水和高温环境，能较好地适应沙漠地区的生活环境。

④喜欢干燥　山羊同绵羊一样喜欢干燥，适宜在干燥凉爽的地区生活，在炎热潮湿的环境下山羊易感染各种疾病，特别是肺炎和寄生虫病，但山羊对高温高湿环境适应性明显高于绵羊，在南方夏季高温高湿的气候条件下，山羊仍能正常的生活和繁殖。

⑤合群性强　山羊的合群性也比较强，无论是放牧还是舍饲，一个群体的成员总喜欢在一起活动，其中年龄大、后代多、身体强壮的羊常担任“头羊”的领导角色，带领全群统一行动。除繁殖季节公羊之间偶有因争夺配偶而发生争斗外，一般群羊各成员间都可和睦相处。在放牧中若掉队，该羊表现惊慌，四处张望，不断发出“咩咩”的叫声，通过视、听、嗅、触等感官活动，来传递和接受各种信息，直到找到同伴，才安心吃草，以保持和调整群体成员之间

的活动。若有新成员进来，会被其他羊打斗，需 3～5 天的适应期，才能融入群体生活。

⑥喜好清洁　山羊同绵羊一样，喜好清洁，采食前先用鼻子嗅，凡是有异味、污染、沾有粪便或腐败的饲料，或践踏过的牧草都不爱吃。在舍饲山羊时，掉在地上的饲草羊都不愿吃，所以饲草要放在草架里，以减少浪费，饮水要保持清洁，经常更换。放牧饲养时，要定期更换牧场，有条件时最好实行轮牧。

⑦性成熟早，繁殖力强　山羊的繁殖力强，主要表现在性成熟早、多胎。山羊一般在 4～6 月龄达到性成熟，6～8 月龄即可配种，大多数品种的山羊每胎可产羔 2～3 只，平均产羔率超过 200%以上。

⑧胆大灵巧，容易调教　山羊胆大勇敢，神经敏锐，易于领会人的意图，在放牧羊群时，牧工常挑选去势山羊加以训练，作为头羊，可领会牧工发出的多种口令。

⑨喜食灌木　山羊特别喜欢采食灌木枝叶，在草地管理上常用来控制草地次生林、多刺灌木和杂草的生长，促进禾本科牧草的生长，但如果利用和管理不当，山羊对生态环境也可产生一定的破坏。

2. 肉羊采食的特点主要有哪些？

羊没有上门齿和犬齿，采食时利用上唇、舌头和稍向外拱出的锐利下门齿共同作用，切断牧草，卷入口腔。

(1)具有天生性饲料喜好　山羊喜欢采食灌木枝叶，绵羊喜食鲜嫩牧草，这些特性是由遗传及自身生理结构决定。

(2)可根据口感调整采食取向　羊在放牧条件下，可根据口感调整采食取向。如当牧草中单宁含量超过 2%时(按干物质计算)，羊会拒绝采食，因此放牧条件下，羊群出现单宁中毒的可能性很小。但羊通常贪食精饲料，如果不限制采食量，就会发生消化不良或酸中毒，甚至死亡。

(3)可根据采食后果判断饲料的可食性 羊可将饲料的适口性或风味与某些不适或愉快的感觉联系在一起，产生“厌恶”或“喜好”。有某些中毒经历的羊一般不会再次采食同种有毒牧草。

(4)可根据营养需要选择食物 在放牧条件下，羊可根据身体需要选择牧草。在舍饲条件下，它们的选择机会受到限制，但在严重缺乏某种营养素的条件下，羊会强迫自己采食其并不喜欢的食物或异物，如羊毛、粪土和瓦砾等，这就是我们常说的“啃尖”现象。

(5)采食行为有可塑性 羊可以通过模仿、采食经历或人为的训练，对某种饲料产生喜好或厌恶。如在饲喂青贮饲料的初期，大多数羊会拒绝采食，但经过1～2周的诱导训练，可接受并能较好地适应。羊的许多采食习性具有较大的可塑性，会随着环境条件的变化而变化。如长期放牧的羊，经过一段时间的舍饲后，再回到草场上，就不会啃食牧草，需要1～2周的训练才能恢复。

3. 羊消化道构造的特点是怎样的？

(1)羊属多胃草食动物 羊有4个胃室，分别是瘤胃、网胃、瓣胃和皱胃。前3个胃没有腺体组织，不能分泌消化液，对饲料起发酵和机械性消化作用，统称为前胃。皱胃也叫腺胃或真胃或四胃，有腺体组织，成年绵羊4个胃总容积约30升，山羊为16升左右，相当于整个消化道容积的67%。

①*瘤胃* 容积最大，占胃总容积的78%左右，羊摄入的草料临时贮藏其中，是一个微生物密度高、调控严密的生物发酵罐。瘤胃内温度达40℃左右，pH值在6～8之间，寄生着60多种微生物，包括厌氧性细菌、原虫、厌氧真菌等，每毫升瘤胃液中含细菌5亿～10亿个、原虫2 000万～5 000万个。瘤胃虽然不能分泌消化

液，但胃壁强大的纵形环肌能够强有力地收缩，有节律地蠕动以搅拌食物。胃黏膜表面有无数密集的角质化乳头，有助于食糜与胃壁接触摩擦。另外，瘤胃中大量的微生物具有特殊的消化作用。

②网胃 呈球形，约占胃总容量的7%，因内壁分隔成很多如蜂巢状的网格，又称蜂巢网。与瘤胃、网胃紧连在一起，其消化生理作用基本相似，除机械作用外，也可利用微生物进行分解消化食物。网胃如同筛子，起着饲料过滤作用，将随饲料吃进去的钉子、泥沙都留在其中，因此网胃又称为“硬胃”。

③瓣胃 又名百叶胃，占胃总容量的6%～7%，内壁有无数纵列的褶膜，对饲料进行机械性压榨作用，可将饲料中的粗糙部分阻留下来，继续加以压磨，同时吸收食糜中大量水分、挥发性脂肪酸以及钙、磷等物质，减少食糜体积并将其送入皱胃。

④皱胃 又称真胃，类似单胃动物的胃，占胃总容量的7%～8%。胃壁黏膜有腺体分布，具有分泌盐酸和胃蛋白酶的作用，可对食物进行化学性消化。

羊胃的大小和功能，随年龄的增长发生变化。初生羔羊的前3胃很小，结构还不完善，微生物区系未健全，不能消化粗纤维，只能靠母乳生活。羔羊吮吸的母乳不接触三胃的胃壁，而是靠食管沟的闭锁作用，直接进入真胃，由真胃凝乳酶进行消化。随着日龄的增加，前3胃不断发育完善。羔羊一般在出生后10～14天便开始补饲一些容易消化的优质青干草和混合料，促进瘤胃发育，羔羊在7周龄时瘤胃达到完全发育成熟。

(2)小肠 羊的小肠细长曲折，长度为17～34米，相当于体长的26～27倍。肠黏膜中分布有大量的腺体，可以分泌蛋白酶、脂肪酸和淀粉酶等消化酶类，小肠越长，吸收能力越强。胃内容物进入小肠后，在各种酶的作用下分解为一些简单的营养物质经绒毛膜吸收。尚未完全消化的食糜残渣则与大量水分一道，随小肠蠕动而被推进到大肠。

(3)大肠 羊的大肠直径比小肠大，长度为4～13米，无分泌消化液的功能，其作用主要是吸收水分和形成粪便。小肠内未完全消化的食物残渣，可在大肠微生物及食糜中酶的作用下继续消化和吸收，水分被吸收后的残渣形成粪便，排出体外。

4. 羊瘤胃消化的特点是怎样的？

羊休息时，把经瘤胃胃液浸泡的饲草逆呕成一个食团于口中，经反复咀嚼后再吞咽入瘤胃，这一现象叫反刍。反刍是羊的一种消化行为，是反映羊饮食是否正常的重要指标，其过程包括逆呕、咀嚼、混合唾液、吞咽，羊一天内可逆呕食团500个左右，在休息时将饲草逆呕于口中，正常情况下咀嚼40～60次，如此反复。

影响羊反刍的因素很多，如饲草、饲料的种类和品质，调制方法、饲喂方法、气候、饮水以及羊的体况等。一般来说，牧草含水量大，反刍时间短，纤维含量高，反刍时间长；当羊过度疲劳、患病、受到外界的强烈刺激或长期采食单一饲料时，会出现反刍紊乱或停止，当羊出现食欲废绝，反刍停止，就表明其病情严重。羔羊出生后40天左右便出现反刍行为，早开食可刺激前胃发育，提早出现反刍行为。

5. 羊瘤胃微生物的作用主要有哪些？

(1)分解消化粗纤维 羊本身不产生分解粗纤维的酶，瘤胃微生物活动产生的纤维分解酶可以把粗饲料中的粗纤维分解成容易消化吸收的碳水化合物，通过瘤胃壁吸收利用，作为羊主要的能量来源。羊通过瘤胃微生物对精料营养物质的发酵、分解所得到的能量，占羊能量需要量的40%～60%。

(2)合成菌体蛋白，改善精料粗蛋白品质 羊精料中的含氮物质(包括蛋白质和非蛋白含氮化合物)进入瘤胃后,大部分会经过瘤胃微生物的分解,产生氨和其他低分子含氮化合物。瘤胃微生物再利用这些低分子含氮化合物来合成自身的蛋白质,以满足繁殖的需要。随食糜进入真胃和小肠,微生物可被消化道内的蛋白酶分解,成为肉羊的重要蛋白质来源。精料中低品质的植物性蛋白质和非蛋白氮经过瘤胃微生物的分解和合成,其必需氨基酸含量可提高 5～10 倍。试验表明,用禾本科干草或农作物秸秆饲喂绵羊时,由瘤胃转移到真胃的蛋白质约有 82%属于菌体蛋白,可见,瘤胃微生物在羊的蛋白质营养供给方面具有重要的作用。

(3)合成维生素 维生素 B_1、维生素 B_2、维生素 B_{12}和维生素 K 是瘤胃微生物的代谢产物,到达小肠后可被羊吸收利用,满足羊对这些维生素的需要。羊很少发生维生素 A、维生素 D 和维生素 E 缺乏。但是,如果长期缺乏青饲料,羊就会缺乏,尤其是公羊、羔羊和妊娠后期母羊。因此,必须在精料中添加这几种维生素或饲喂富含维生素的青绿多汁饲料或青贮饲料,以满足羊的健康、生长发育及生产需要。

6. 规模化肉羊养殖最理想的羊群结构应该是怎样的?

在实践中为了便于管理,习惯把羊群划分为青年羊 1～2 岁,壮龄羊 2～5 岁,老龄羊 6 岁以上 3 类。肉羊养殖场中最为理想的羊群结构无论公母都应该是青年羊、壮龄羊、老龄羊相应的保持在 20%、70%和 10%的比例。为了实现有计划地为市场提供商品肉羊,羊群结构是非常重要的因素,应适时补充青年母羊,每年补充 1 岁以上的青年母羊为 20%左右,从壮龄羊群中每年淘汰 10%,6 岁以上的老龄母羊都应该淘汰,个别健康优秀的母羊可以继续留用。对于新建羊场或者正在扩建羊场,青年母羊的比例可适当高些。如果采用本交模式进行肉羊养殖，公羊数占基础母羊数的5%～7%，采用人工授精模式进行肉羊养殖，公羊数占基础母羊数的1%～2%，另外要有2%～3%的试情公羊。

7. 规模化肉羊养殖最理想的羊群规模大小应该是怎样的？

为了使肉羊养殖的经济效益最大化，使圈舍、草场、人力、财力得到合理利用，羊群规模大小要灵活确定，一般牧区为500～1 000只，山区为100～200只，农区为30～80只。若采用本交按20∶1投放种公羊，采用人工授精按50∶1投放种公羊或试情公羊。

8. 肉羊育肥的一般原则是什么？

(1)利用肉用品种 任何品种的绵羊、山羊都可以育肥屠宰作肉用，但不同品种产肉性能和育肥效果有很大差别。优秀肉用绵羊、山羊品种的共同特点是早熟、多胎、生长快、饲料报酬高、繁殖力强、胴体品质好、产肉量多。而我国大多数地方绵羊、山羊品种通常表现为生长较慢，体型欠丰满，产肉量低，还不完全适应目前市场需要。所以，应充分利用国外引进的产肉性能突出的良种公羊。

(2)利用羔羊育肥 羔羊育肥增重是以肌肉和骨骼生长为主，而成年羊育肥以沉积脂肪为主，每单位脂肪沉积比肌肉需多消耗1倍多的能量，为此相同数量与质量的饲料育肥羔羊比育肥成年羊的日增重、饲料转化率高。实际肉羊养殖中利用羔羊前期增重速度快的特点，进行肥羔生产，可获得较高的经济效益。

(3)科学搭配日粮 育肥羊日粮中的粗饲料应占40%～60%，即使到育肥后期，也不应低于30%，或粗纤维含量不低于

8%～10%。在上述的饲料条件下，设法改善粗料品质，提高羊对干物质的采食量，从而增加日粮营养水平，而不是单纯追求增加饲喂精料的数量。要快速育肥肉羊，就应使其所给的营养物质高于维持和正常生长发育的需要，在不影响正常消化的前提下，饲喂的营养物质越多，获得的日增重越高，而单位增重所消耗的饲料就越少，并可提前出栏。若希望得到含脂肪少的羊肉，育肥前期的日粮中能量不可太高，而蛋白质数量应充分，到育肥后期再提高能量水平；反之，则会获得脂肪多的羊肉。不同品种的肉羊，育肥期内对营养物质的需要量是有差异的，如果要得到相同的日增重，非肉用品种所需要的营养物质要高于肉用品种，不同生长阶段的羊，育肥期所需要的营养水平也不同，羔羊处于生长发育阶段，增重的主要部分是肌肉、内脏和骨骼，所以饲料中的蛋白质应高一些，成年羊，育肥期增重部分主要为脂肪，饲料中蛋白质的含量可以低些，能量则应高些。由于增重的成分不同，每单位增重所需的营养物质以羔羊最少，成年羊最多。羔羊消化功能不如成年羊完善，因而对饲料的品质要求较高。

(4)掌握饲喂技巧 常用的育肥饲料有混合粉料、颗粒饲料和整粒饲料(草粉颗粒)3种。混合粉料用玉米粉与豆饼粉按比例混合，加进维生素和矿物质而成，干草单独饲喂。颗粒饲料是将混合粉料制成颗粒，以提高采食。整粒谷物日粮是近几年推广应用的，整粒玉米与蛋白质浓缩饲料混合。3种饲料日粮都可用于自动饲槽，自由采食。传统的人工投喂方式，可以做到定时、定量、定质，按需要投放饲料，或增或减，调节增重效率。无论采用哪种饲喂方式，当从粗料型日粮转为精料型时，一定要避免变换过快，以防酸中毒、腹泻等。

(5)创造适宜的环境 环境温度对育肥羊的营养需要和增重有不同程度的影响。肉羊生长适宜的温度为20℃～28℃，平均温度低于7℃时，羊体产热量增加，采食量也增加，但由于低温增加热能散失，使增重效率降低，低温环境育肥的肉羊应增加营养水平，才能维持较高的日增重，若空气湿度高和大风天气，更会加剧低温对羊的不良影响。气温高于32℃时，羊的呼吸和体温随气温而增高，采食量减少，甚至停食、流涎，严重时会中暑死亡，高温高湿会加剧对羊的危害，育肥后期高温对羊的危害更大。另外，保持安静环境和减少羊只活动，可以使营养物质消耗少，从而提高育肥效果。

9. 肉羊育肥的关键技术是什么？

(1)推行杂交羊 我国各地都有适合本地自然条件，抗逆性强、耐粗饲的优良地方品种，这些品种往往同时存在生长速度慢、生产性能低的缺点，推行杂交，利用地方良种和引入优良肉用品种杂交，进行肥羔生产，顺应市场新需求4～6月龄出栏，既利用了杂种优势，也保存了当地的品种的优良特性。引入品种进行二元杂交，重点放在提高产羔率和肉用性能(生长快、胴体品质好、早熟多胎)两个方面。萨福克羊、边区莱斯特羊与蒙古羊杂交，杂交一代羔羊均表现出生长发育快、早熟性能好、产肉多等优点。萨福克杂交一代羔羊出生后不加任何补饲，4月龄屠宰，胴体平均重17.02千克，最高者可达20千克，收益十分可观。

(2)推广肥羔生产，缩短生产周期 改变喂长命羊、淘汰老羊吃肉的旧习惯，利用羔羊幼龄期生长快、饲料报酬高的生物特性，生产羔羊肉。羔羊断奶后，进行短期育肥，周岁以前出栏或屠宰，可以加快羊群周转，缩短生产周期，提高出栏率，从而降低生产成本，可获得最大经济效益。

(3)合理搭配饲料 按照羊育肥期营养需要配合日粮，日粮中的精料或粗料应多样化，增加适口性。任何一种饲料都不能满足羊只生产的需要，特别是肉羊育肥要求的饲料营养更高，多种饲料合理搭配，各种营养成分相互调剂，才能配制出全价日粮，提高饲料转化率和增重速度。

(4)利用牧草生长特点，实行季节性肉羊生产 我国牧草生长具有明显的季节性，每年春季牧草萌发，秋后枯萎，枯草季节长达5～6个月，当羊群规模过大时，会给冬春饲养造成很大的压力。因此可以利用夏、秋牧草生长旺季，实行季节性肉羊生产，提高出栏率，必须在每年春初产羔，利用羔羊哺乳期和断奶后生长迅速的特点，抓紧秋季牧草产量高、营养丰富和秋后凉爽的有利时期，搞好放牧育肥，入冬前肉羊膘肥体壮时出栏，并淘汰低产羊、老弱羊。实行季节性肉羊生产不仅可以充分利用牧草资源，提高肉羊生产效益，还可以大大缓解冬、春缺草的矛盾，减少羊只死亡，调整羊群结构，提高适龄母羊的比例，有利于翌年投入再生产。

(5)合理利用肉羊育肥添加剂 羊的育肥添加剂包括营养性添加剂和非营养性添加剂，其功能是补充或平衡饲料营养成分，提高饲料适口性和利用率，促进羊的生长发育，改善代谢功能，预防疾病，防止饲料在贮存期间质量下降，改进畜产品品质等，应合理使用。

10. 常用的几种饲料添加剂的作用分别是什么？

(1)非蛋白氮含氮物质 包括蛋白质分解中间产物—氨、酰胺、氨基酸，还有尿素、缩二脲和一些铵盐等，其中最常见的为尿素，这些非蛋白质含氮物可为瘤胃微生物提供合成蛋白质的氮源，可代替部分饲料蛋白质，既能促进羊只生长发育，又能降低饲料成本。

(2)矿物质微量元素 矿物质微量元素是育肥羊不可缺少的营养物质，可调节能量、蛋白质和脂肪代谢，提高肉羊的采食量，促进营养物质的消化与利用，刺激生长，调节体内酸碱平衡等。羊体内缺少某些矿物元素，将会出现代谢病、贫血病、消化道疾病等，造成生长力下降。

(3)维生素添加剂 由于羊瘤胃微生物能够合成B族维生素和维生素K、维生素C，不必另外添加。日粮中应提供足够的维生素A、维生素D和维生素E，以满足育肥羊的需要。添加维生素时还应注意与微量元素间的相互作用，多数维生素与矿物质微量元素能相互作用而失效，不能在一起混用。

(4)稀土 稀土是元素周期表中钇、钪及全部镧系共17种元素的总称，可作为一种饲料添加剂用于肉羊养殖，有良好的饲喂效果和较高的经济效益，添加稀土比不添加稀土平均重提高11.2%，经济效益显著，作为饲料添加剂的稀土有硝酸盐稀土、氯化盐稀土、维生素C稀土和碳酸盐稀土等。

(5)膨润土 膨润土属斑脱岩，是一种以蒙脱石为主要组成成分的黏土。主要成分钙、钾、铝、镁、铁、钠、锌、锰、硅、钴、铜、氯、钼、钛等，有利于羊的生长发育，对体内有害毒物、胃肠中的病菌起吸附作用，有利于机体的健康，提高生产性能。

(6)瘤胃素 瘤胃素又名莫能菌素，饲喂瘤胃素，日增重、饲料转化率提高。瘤胃素的添加量一般为每千克日粮干物质中添加25～30毫克，均匀地混合在饲料中，最初喂量可低些，以后逐渐增加。

(7)缓冲剂 羊强度育肥时，精料量增多，粗饲料减少，瘤胃内会形成过多的酸性物质，影响羊的食欲，并使瘤胃微生物区系被抑制，对饲料的消化能力减弱。添加缓冲剂，可增加瘤胃内碱性蓄积，中和酸性物质，促进食欲，提高饲料的消化率和羊增重速度。羊育肥常用的缓冲剂有碳酸氢钠和氧化镁，添加缓冲剂时应由少到多，使羊有一个适应过程。

(8)二氢吡啶 二氢吡啶作用是抑制脂类化合物的过氧化过程，稳定羊体内生物体细胞组织，具有天然抗氧化剂维生素E的某些功能，还能提高羊对胡萝卜素和维生素A的吸收利用。

(9)酶制剂 酶是活体细胞产生的具有特殊催化能力的蛋白质，是一种生物催化剂，可促进蛋白质、脂肪、淀粉和纤维素的水解，提高饲料转化率。

(10)中草药添加剂 中草药添加剂是为预防疾病、改善机体生理状况、促进生长而在饲料中添加的一类天然中草药、中草药提取加工利用后的产物。

11. 肉羊育肥怎样饲喂尿素?

尿素既不能单独喂，也不能干喂，通常是把尿素用水完全溶解后，喷洒在精料上，拌匀后饲喂。尿素的喂量应严格控制，不能用尿素代替日粮中的全部蛋白质，一般不超过日粮粗蛋白质中的1/3，或不超过日粮干物质的1%，或按羊体重计算，喂量相当于体重的0.02%～0.03%。喂尿素由少到多，逐渐增量，一般每天1～2次，使瘤胃微生物有个适应过程，并且最好连续饲喂，一般短期饲喂效果不佳。尿素只有在日粮蛋白质不足时才喂，日粮蛋白质充足时，微生物则利用有机氮，加喂尿素反而造成浪费。按照安全有机食品标准，肉羊饲养中不喂尿素。

12. 肉羊的育肥方式有哪几种?

(1)放牧育肥 是最经济、最常用的肉羊育肥方法，也是应用较普遍的一种方法，放牧育肥主要利用夏、秋季节牧草资源丰富这一特点，放好羊，管好羊，使羊吃饱，吃好，快上膘。为提高放牧育肥效果，应安排母羊产早春羔(2月底3月初产)，这样羔羊断奶后，正值青草期，可充分利用夏、秋季的牧草资源，快速育肥，适时出栏，是肉羔生产的最佳形式。见彩图5-1至彩图5-3。

(2)混合育肥 分为放牧加补饲和放牧加舍饲育肥，放牧加补饲育肥是在放牧基础上，再给以补饲，充分利用当地农副产品，给以集中短期优饲；放牧加舍饲育肥是指在秋末，对一些还未抓好膘的羊，特别是还有增重潜力的当年羔羊进行短期舍饲，以达到育肥效果。

(3)舍饲育肥 在放牧地少或基本无放牧地的农区适于舍饲育肥，充分利用当地农副产品，走专业化、集约化的肉羊生产道路。在舍饲育肥期间，要求饲料营养全面丰富，适口性好，以满足羊的生长需要，发挥其最大生产潜力。见彩图5-4。

13. 肉羊饲养管理应坚持的原则是什么？

(1)饲草饲料营养全面 肉羊饲料多样搭配，适口性好，营养物质丰富，保证饲料品质优良，育肥期内，尽量避免更换饲料。

(2)合理分群 不同月龄、体重羔羊应分群，组群后，必须有一个适应性饲养阶段，一般经过1～2周的训练，羊完全合群并习惯采食育肥饲料。因为羔羊大小不一、强弱不均，采食的一致性差，不利于提高整体育肥效果。因此，在肉羊生产中，采取分批同期发情处理技术，使繁殖母羊能集中发情、配种，分批集中产羔，以便羔羊集约化育肥，分批供应市场。

(3)饲喂定时定量定质 饲喂要少喂勤添，如果采用传统的育肥方法，精料饲喂量应根据羊的年龄、体重和粗饲料质量而定，青干草尽量任其自由采食。做到“三先三后一足”，即先草后料，先喂后饮，先拌(料)后喂，饮水要充足。舍饲情况下饲草、饲料的供给可利用草架和饲槽分别给予的方式，要先喂适口性差的饲料，后喂适口性好的饲料，以免浪费。

(4)日常管理 定期进行称重、驱虫、接种疫苗、去势、修蹄、刷拭等，以便育肥结束时分析育肥的效果。保持水、草、料、饲喂用具及圈舍干净卫生。

(5)健康检查 定期观察羊群，内容主要包括羊的吃、饮、排粪、排尿及精神状态等。

14. 肉羊放牧技术要点是什么？

放牧是最经济的肉羊育肥方式，利用羊的合群性，组群放牧饲养，可以节省饲料和管理的费用。放牧时，羊采食青绿饲料种类多，容易获得全面的营养物质，不仅能满足羊只生长发育的需要，还能达到放牧抓膘的目的。同时，由于放牧增加了羊只的运动量，并能接受阳光中的紫外线照射和各种气候的锻炼，有利于羊的发育与健康。要科学地、经济地利用草场，使羊只不仅能吃饱，增膘快，生产出优质产品，同时又提高了牧地的利用率，具体放牧的关键措施有以下几点。

(1)放牧队形 放牧队形主要根据牧场地形地势、牧草生长状况、季节时间和羊群的饥饱情况而变换。放牧羊的基本队形有“一条鞭”和“满天星”两种形式。

“一条鞭”又称一条线，即把羊排成一横队，缓步前进，领羊人押在前面，挡住强羊，助手在后驱赶弱羊，防止掉队，保持队形，这种队形适用于植被均匀、中等的牧地。要使羊只吃食匀、吃得饱，就必须控制游走过度。开始出牧时，羊比较贪吃，游走速度宜慢，使其采食时间较长，逐渐吃饱后，游走速度应快些，使羊只不断采食到好草以提高采食量（但亦不可走得过快，防止牧草利用不充分），直到大部分羊吃饱以后，就会出现站立前望或卧下休息的情况，这时停止羊群继续前进，就地休息反刍。若欲让羊群移动时，再驱赶唤起继续采食。

“满天星”是把羊均匀分散在一定范围的草地上，任羊自由采食，直到牧草采食完全后，再移到新的草地上去，这种队形适合于牧草稠密茂盛、产量高的草地，或牧草特别稀疏，且生长不均匀的草地。让羊群散开自由采食可吃到较多的牧草。

(2)放牧要领

①多吃少消耗　放牧羊群在草场上，吃草时间超过游走时间越长越好，体能行走消耗相对较小，这样才能达到多吃少消耗，快速增膘的目的。

②“四勤三稳”　广大养羊爱好者总结的经验是“手大、手小、稳当就好”，“走慢、走少、吃饱、吃好”。稳羊不馋，抓膘快、易保膘。“稳羊”包括放牧稳、饮水稳和出入圈稳。只有稳住了羊群，才能保证羊少走多吃，吃饱喝好，无事故，“三稳”要靠“四勤”来控制，四勤即指放牧人员要腿勤、手勤、嘴勤、眼勤，管住羊群，使其让慢则慢，让快则快，才能使羊充分合理地利用草地，保证羊吃饱吃好，易上膘。

③“领羊、挡羊、喊羊、折羊”相结合　放牧羊群应有一定的队形和密度，牧工领羊按一定队形前进，控制采食速度和前进方向，同时挡住走出群的羊。“折羊”是使羊群改变前进方向，把羊群赶向既定的草场、水源的道路上去。“喊羊”是放牧时呼喊一定的口令，使落后的羊只跟上群体，缓慢前进。为了做好“领羊、挡羊、喊羊和折羊”，平时要训练好头羊，有了头羊带队，容易控制羊群，使放牧羊群按放牧工的意图行动。

(3)放牧时间　在肉羊养殖中，如果采用春季集中产羔、秋季10月份出栏的生产模式，可全天放牧群众称为放“天羊”以降低成本，羊群中午不回圈舍，12时至下午3时就地休息3小时左右，有条件应建临时供羊休息、反刍的防雨防晒棚。

15. 肉羊在放牧时应注意哪些问题？

(1)饮羊　饮羊是每天不可少的工作，和放牧一样重要，饮羊的水源，以泉水、井水、流动的河水为宜，羊的饮水量与羊只的大小、气候冷热、饲料干湿等有关，每天每只羊需水2～5升。一般在羊吃半饱以后开始饮水，天冷时每天1～2次，天热时每天2～4次。羊群接近水源时，先停留片刻，等喘息平稳了，再开始饮羊。若羊只饮水过猛，则抛掷小石子入水，这时羊多抬头张望，可暂缓饮水速度，防止喝呛。夏季井水随打随饮羊，冬季可把水打上来，晒一晒再饮羊。羊饮流动的河水时，应从上游向下游方向饮水，同时让先喝水的羊在下游，后喝水的羊在上游，既可避免喝浑水，又可顺流喝水，水不入鼻。

(2)三防　即防狼、防蛇、防毒草，群众总结防狼的经验是："早防前、晚防后，中午要防洼洼沟"。防蛇采用"打草惊蛇"的办法，先打鞭再放羊、饮水、吃草。防毒采用"迟牧饱放"的办法，迟牧就是推迟放牧的时间，等毒草毒性小了再放牧，因为毒草幼嫩时毒性强，毒草长高了或植株老化后毒性则会降低；饱牧就是等羊在好草地上吃到多半饱时，再到可能偶有毒草的地带放牧，因为这时羊腹内有食，多数都专挑好草吃，万一吃上毒草，也容易吐出来。

(3)数羊　俗话说："一天数三遍，丢了在眼前；三天数一遍，丢了找不见"，每天出牧前，收牧后及中午休息时都要各数一遍羊群。羊群是一个动态群体，数羊要准确，需要较长时间才能练出过硬的眼力，才能做到数羊准确无误。

(4)训练头羊　"羊不离头，车不离轴"，只要有了领头羊，其他羊就会尾随而行动，按牧工意图行事。训练头羊，可从羔羊起给它偏吃偏爱，日久，人羊有了感情，即"招之即来，挥之即去"，同时要树立头羊的威信，使头羊很好地率领全群统一行动。

16. 育肥羊怎样喂盐？

盐能供给羊钠与氯两种元素。氯与钠广泛存在于羊的软组织中，是羊体不可缺少的矿物质，同时还有增进食欲、促进消化等作用。每天每只羊需供给 10～15 克，喂盐的方法有 3 种：第一种方法叫“啖盐”，即把盐磨成粉面，均匀撒在木板、石板上或饲槽内，让羊舔食，啖盐后不可立即饮水，这种方法适合于大群放牧的羊。第二种方法是把盐溶解于水中，放在饲槽或是其他容器中饮羊，也可将盐和玉米面、麸皮等一起放在水里，让羊饮用，小群放养的羊可采用此法。第三种方法是把盐和玉米面放入锅中做成咸面糊，晚上把咸面糊摊在一石板上或饲槽里喂羊，也可放在混合饲料里喂给。

17. 肉羊补饲精料的作用是什么？

放牧饲养成本低是相对的，而不是绝对的，在良好的草场上有计划地放牧，羊可以采食到足够的营养，但对于草场质量差或冬季牧草干枯或冰雪覆盖，羊在放牧过程中，不但采食不到足够的营养物质，而且还会因艰难的行走消耗大量的体力，因此肉羊补饲精料尤为重要。为了保证育肥效果，需补充一定量的精饲料和优质青干草。15 日龄后的羔羊每只每天补饲羔羊精料补充料 30～100 克(根据年龄逐步增加)，分 3～4 次补饲。青年羊每只每天补饲羔羊精料补充料 200～600 克，分 2～3 次补饲，精料补充料可以单独饲喂，也可以与青绿饲料混合在一起饲喂，精料补充料含有羊生长发育所需的蛋白质、维生素、常量和微量矿物质元素，根据本场所饲养的羊种类选购。

18. 肉羊舍饲的关键环节主要有哪几个方面？

(1)圈舍环境优越 舍饲就是将羊关在羊舍内饲养，高标准建造羊舍，达到冬暖夏凉，干燥通风，干净卫生，为肉羊创造优越舒适的生活环境。舍内温度在10℃～20℃，每只羊舍内面积1～2米^2，运动场面积2～3米^2，足够的饲槽长度，每只羊0.3～0.4米，舍内或舍外设有饮水器具，保证清洁充足的饮水。

(2)饲料营养全面均衡 肉羊舍饲所用饲料应该营养全面均衡，来源广泛，易消化吸收，日粮必须有一定比例的优质干草，以苜蓿干草较好，不仅蛋白质含量高，而且还含有促生长因子，其饲喂效果明显优于其他干草。肉羊舍饲育肥的日粮，精料用量为40%～45%、粗料和其他饲料用量为55%～60%的配比较适宜。

(3)精心饲喂，科学管理 饲料、饮水干净卫生，每天喂草料2～3次，饮水2～3次，舍饲羊只在青草期，每天每只喂给青草或鲜树叶等3～5千克；冬春枯草期每天每只喂青干草1.5～2千克。另外，种公羊、妊娠母羊应适当补饲部分精料和多汁饲料，一般每天每只0.5～1千克。在饲喂时要求先喂粗饲料，后喂精料，先喂适口性差的，后喂适口性好的，这样有助于增加采食量。采用全价颗粒配合饲料，让羊自由采食。定期进行称重、驱虫、接种疫苗、去势、修蹄、刷拭等。

(4)采用新技术，高效率养殖 为了提高羊肉产量、羊肉品质及劳动生产率，可实行机械化舍饲育肥，机械化舍饲，就是人工控制小气候，采用全价颗粒配合饲料，让羊自由采食、饮水。为了实行集约化肥羔生产，对母羊进行激素控制，同期产羔，对羔羊实施早期断奶、用人工乳饲养羔羊，促进母羊多产羔。肥羔生产中选用最佳杂交组合生产杂种羊，充分利用杂种羔羊生长发育快、早熟、肉用品质好的特点，提高肉羊生产的经济效益。我国的大尾寒羊、小尾寒羊、同羊、阿勒泰羊、乌珠穆沁羊与引入品种夏洛莱肉羊、陶赛特羊、萨福克羊进行杂交，后代产肉性能好，生长发育快，可实行规模化舍饲，批量生产市场需要的肉羊。

19. 肉羊舍饲条件下如何进行运动?

生命在于运动,适当的运动可以促进羊的新陈代谢,增强体质,提高抗病力,增进食欲,促进消化吸收。哺乳期羔羊适当运动不仅可以帮助消化,还有利于提高成活率和生长速度,减少腹泻的发生。青年羊适当运动,有利于骨骼发育,运动充足的青年羊,胸部开阔,心肺发育好,消化器官发达,食欲增强,体格发育良好。母羊妊娠前期适当运动,可以促进胎儿的生长发育,妊娠后期坚持运动,可以预防难产。母羊产后适当运动,可以促进子宫提前复位,肉羊适当运动,可以增强心肺功能。种公羊适当运动,则性欲旺盛,精液质量和母羊受胎率提高。舍饲条件下羊群可采取驱赶运动,要求舍外要有足够的运动场面积,有条件的可建造专用环形运动场,每天应进行 2～4 小时驱赶运动,羊群的运动量并不是越大越好,运动量过大,体能消耗严重,影响生长速度,剧烈运动还可致羊死亡。严寒、风沙和炎热天气要减少运动量或停止驱赶运动,在实际养羊中运动方法的选择、运动量大小要灵活掌握。

20. 肉羊放牧+舍饲的关键环节是什么?

在半农区及半牧区,有一定的放牧草场,但以农田为主,灵活采用放牧+舍饲的饲养方式,关键环节是根据放牧效果,确定进行舍饲需要补饲的量。一般夏、秋季节,充分利用丰盛的牧草,外出放牧,以节约养殖成本,晚间可割草或以农副产品进行适当补饲,放牧要定时,放牧前或归牧回到羊舍后再定时、定量、定质补饲草料,补饲时间要因地制宜,青干草可分为早、晚 2 次补给,精料在晚上一次性补给,可将饲料放在饲槽内让其自由采食,羊数量大补喂饲草时可在舍外设运动场草架,也可将草捆成草把吊在羊能吃到的高度让其自由采食。冬、春期间牧草干枯，主要靠圈舍饲养，饲料应进行多样化搭配，保证营养成分全面均衡，来源广泛，且易被羊消化吸收利用，日粮中要有优质干草，饲喂时先给适口性差的饲草，后给适口性好的饲草。每次在饲喂前后要注意观察羊的精神状态，饮食情况，粪便的量、形状、色泽等，发现异常及时处理。采取放牧＋舍饲的饲养方式无论哪个季节对妊娠母羊、哺乳母羊、种公羊一般都要加强补饲，给以优质的粗饲料及精料，以保证母羊发育良好，繁殖力强，多胎高产，公羊身体健壮，性欲旺盛，配种能力强。补饲量和种类可视放牧条件、身体素质、产羔数、配种强度而定(表 5-1，表 5-2)。

表 5-1　绵羊补饲草料每天每只定量参考　(单位:千克)

不同阶段	青草期		枯草期	
	粗饲料	混合精料	粗饲料	混合精料
种公羊	1.0～1.5	0.5～1.2	1.5～2.0	0.6～1.4
育成羊	0.8～1.2	0.25～0.3	1.0～1.5	0.3～0.4
成年母羊	1.0～1.2	0.25～0.4	1.0～2.0	0.4～1.0
哺乳羔羊	0.23～0.5	0.1～0.3	0.25～0.5	0.1～0.3

表 5-2　山羊补饲草料每天每只定量参考　(单位:千克)

不同阶段	青草期		枯草期	
	粗饲料	混合精料	粗饲料	混合精料
种公羊	0.8～1.2	0.5～0.8	1.2～1.8	0.5～1.2
育成羊	0.6～1.0	0.2～0.3	0.8～1.2	0.2～0.3
成年母羊	0.75～1.0	0.3～0.4	1.0～1.5	0.4～0.75
哺乳羔羊	0.2～0.4	0.1～0.25	0.2～0.4	0.1～0.25

21. 后备母羊生长发育的主要特点是什么？

(1)生长发育速度 后备母羊全身各系统均处于旺盛生长发育阶段，与骨骼生长发育密切的部位仍然继续增长，如体高、体长、胸宽、胸深增长迅速，头、腿、肌肉发育也很快，体型发生明显的变化。

(2)瘤胃的发育迅速 6月龄的后备母羊，瘤胃迅速发育，容积增大，占胃总容积的75%以上，接近成年羊的容积比。瘤胃内的有益微生物完全具备了消化利用粗纤维的能力，各种消化功能完全成熟。

(3)生殖器官变化明显 一般后备母羊6月龄以后即可表现正常的发情，卵巢上出现成熟卵泡，达到性成熟，8月龄左右时接近体成熟，母体的特有外貌体型明显，乳房开始增大，出现周期性发情表现，当体重应达到成年羊体重的65%～70%时可以配种。

22. 肉用后备母羊的饲养管理措施有哪几个方面？

后备母羊的饲养管理是否合理，对体型结构和生长发育速度等起着决定性作用。饲养管理不当，可造成母羊体过肥、过瘦或某一阶段生长发育受阻，出现腿长、体躯短、垂腹等不良体型。

(1)饲养环境 后备母羊舍最佳温度为18℃～25℃，舍内面积每只羊0.8～1.5米^2，运动场面积1.5～2.5米^2，饲槽长度平均每只羊0.3～0.4米。圈舍保持干净卫生，冬暖夏凉，干燥通风。见彩图5-5，彩图5-6。

(2)单独组群 培育优良的后备母羊群，应抓好饲养管理的每一个环节。从断奶开始就应当按大小、强弱分群饲养管理，分群放牧或舍饲，为了保证其正常生长，应给予特别关照，可选择繁茂的草场放牧，根据情况适当补充精料青干草、青贮饲料及块根块茎饲料等。

(3)适当的精料营养水平 后备肉用母羊处于生长发育阶段，饲养管理不善不仅影响羊只的生长发育和性成熟，还可能使其失去种用价值。后备母羊阶段仍需注意精料量，有优良豆科干草时，日粮中精料的粗蛋白质含量提高到15%或16%，每天喂混合精料以0.4千克为好。如日粮中长期缺乏钙、磷或钙磷比例失调或维生素D不足，不仅影响生长，还易出现佝偻病，需要注意矿物质如钙、磷和食盐的补给。维生素A不足，则出现皮肤组织角质化，神经系统退化，性功能不良，易感染疾病等，运动量不足也会影响其健康发育。因此，后备母羊在保证饲料营养成分全面适当的同时，还必须给予一定的矿物质和维生素，并进行适当地运动锻炼，使每个环节细致而周到。

(4)加强管理 饲喂要定时、定量、定质，少喂勤添。根据羊的年龄、体重和粗饲料质量而定饲喂量，优良青干草自由采食，后备母羊饲喂优良的干草，不但有利于促进消化器官的充分发育，而且培育的羊体格高大，乳房发育明显，产奶多。充足的运动、阳光照射可使其体壮胸宽，心肺发达，食欲旺盛，采食多。为了保证饲料品质，应做到水、草、料、干净与卫生。饲料变换要逐步过渡，使羔羊有一个适应的过程。每天饲喂应观察羊的精神状态，吃草、饮水、排尿、排粪等情况，发现异常及时处理，饲喂用具及圈舍定清消毒，适时进行疫苗注射。

(5)适时配种 一般后备母羊在满8～10月龄，体重达到40千克或达到成年体重的65%以上时配种。后备母羊不如成年母羊发情明显和规律，所以要加强发情鉴定，以免漏配。

23. 怎样做好妊娠母羊的饲养管理?

(1)分群饲养 养好母羊是肉羊生产的基础,为保证母羊正常发情、受胎,实现多胎、多产,羔羊全活、全壮,妊娠母羊饲养管理尤为重要。一般应按年龄、营养状况、体质强弱分群饲养管理,不仅要从群体营养状况来合理调整日粮,对少数体况较差的母羊,应单独组群饲养,以保持羊群发育整齐,具备较高的繁殖率。

对妊娠母羊和带羔母羊,要着重搞好妊娠后期和哺乳前期的饲养和管理。舍饲母羊日粮中饲草和精料之比以7∶3为宜,以防止过肥。体况好的母羊,在空怀期,只给一般质量的青干草,保持体况,钙的摄取量应适当限制,不宜采食钙含量过高的饲料,以免诱发产褥热。如以青贮玉米作为基础日粮,则60千克体重的母羊给以3～4千克青贮玉米,采食过多会造成母羊过肥。

(2)妊娠前期 母羊在妊娠期的前3个月内胎儿发育较慢,主要发育脑、心、肝等器官,所需的养分不太多,此期母羊处于产奶后期,母仔之间争夺营养的矛盾并不突出。母羊的日粮只要能满足产奶的需要,胎儿的发育就能得到保证,妊娠前期可在空怀期的基础上增加少量精料,每只每天的精料喂量0.4千克,精料中粗蛋白质水平为15%～18%。对放牧羊群,除放牧外,视牧场情况而做少量补饲。要求母羊保持良好的膘度,管理上要避免吃霜草或霉烂饲料,不使羊受惊猛跑,不饮冰碴水,水质干净卫生。

(3)妊娠后期 母羊在妊娠后期的2个月中,胎儿生长很快,羔羊75%的初生重在此期间完成生长,因此在此期间母羊饲料营养供应不足、不全面,就会产生一系列不良后果。仅靠放牧一般难以满足母羊的营养需要,在母羊妊娠后期必须加强补饲,将优质干草和精料放在此时补饲,妊娠后期至泌乳期每只每天的精料喂量为0.6千克,精料中粗蛋白质水平一般为15%～18%。要注意蛋白质、钙、磷的补充，能量水平不宜过高，不要把母羊养得过肥，以免对胎儿造成不良影响。要注意保胎，出牧、归牧、饮水、补饲都要慢而稳，防止拥挤、滑跌，严防跳崖、跑沟，最好在较平坦的牧场上放牧，羊舍要保持温暖、干燥、通风良好。

24. 怎样做好产前、产后的饲养管理？

产前、产后是母羊生产的关键时期，应给予优质干草、易消化吸收的多汁饲料，保持充足饮水。产前 3～5 天，对饲养母羊的圈舍（产房）、运动场、饲草架、饲槽、水槽、分娩栏要及时检查维修和清扫，并进行消毒，母羊进入产房后，圈舍要保持干燥，光线充足，能挡风御寒。产后 1 小时左右应给母羊饮温水，第一次饮水不宜过多，切忌让产后母羊喝冷水，母羊在产后 1～7 天应加强饲养管理，精心护理，注意保暖、防潮，预防感冒，检查胎衣是否完整，有无病变，乳房有无异常或硬块，发现问题及时解决。产后第一周母仔合群饲养，保证羔羊吃到充足初乳，若放牧应在较近的优质草场上放牧。

25. 怎样做好哺乳母羊的饲养管理？

母羊产后泌乳的基本规律是奶量逐渐增加，在产后 4～6 周达到高峰，14～16 周又开始下降。在泌乳前期，母羊对能量和蛋白质的需要很高，此时是羔羊生长最快的时期，在饲养管理上要设法提高哺乳母羊的产奶量，使羔羊吃到充足的奶水，给母羊应增加精料补饲量，多喂多汁饲料，放牧时间由短到长，距离由近到远，经常保持圈舍清洁、干燥、卫生。

母羊产后第一周，因为体质较弱，消化功能尚处于恢复期，而且羔羊较小，需要的奶量不多，精料补充料应以优质青干草为主，逐渐恢复精料饲喂量，1 周后恢复到原来的营养水平。此后，随着羔羊哺乳量的增加，可渐渐增加精料补充料、青绿牧草和多汁饲料。如果母羊膘情较差，乳汁不足，应加喂熟豆浆、糯米粥等，使母羊在产后 1 个月(哺乳前期)，泌乳量达到高峰。在此期间，应对产双羔和产多羔母羊予以特别照顾，每只母羊可多增加精料补充料 0.3～0.4 千克、优质青干草 0.5～0.6 千克。到 1～1.5 月龄以后，羔羊可以采食较多的植物性饲料，母羊的产奶量逐渐下降，母羊的精料补充料也可随之降低，增加青干草的比例。从 3 月龄开始，母乳只能满足羔羊营养的 5%～10%，此时，对母羊可取消补饲，转为完全放牧吃青。在羔羊断奶的前 1 周，要减少母羊的多汁料、青贮饲料和精料喂量，以防发生乳房炎。

26. 羊舍垫草主要有哪几种?

在肉羊生产中，使用垫草对改善羊舍环境条件具有多方面的意义，是羊舍内空气环境控制的一项重要辅助性措施。垫草又叫垫料或褥草，指的是在日常管理中给地面铺垫的材料，垫草有保暖、吸潮、吸收有害气体，避免碰伤和褥疮，保持羊体清洁卫生等作用。由于以上原因，铺用垫草可收到良好的效果，凡是较冷的地区，冬季皆应尽量采用。作为垫草的原料尽量就近取材，成本低，费用小，应具备导热性低、吸水力强、柔软、无毒、对皮肤无刺激性等特性，同时还要考虑它本身有无肥料价值，常用的垫草有以下几种。

(1)秸秆类 最常见的是稻草、麦秸等，稻草的吸水能力为 320%，麦秸为 230%，两者都很柔软，且价廉易得。为了提高其吸水能力，最好经铡短后再用。

(2)野草、树叶 这两者的吸水能力大体在 200%～300%，树叶柔软适用，野草则往往夹杂有较硬的枝条，易刺伤皮肤和乳房，有时还可能夹杂有毒植物，应予注意。

(3)锯末 锯末的吸水性很强，约为420%，而且导热性低，柔软。缺点是肥料价值低，而且有时含有油脂，充塞于毛层中，污染皮肤及被毛，刺激皮肤，更严重的是，锯末易充塞于蹄内，长期分解腐烂，易引起蹄病。

(4)干土 干土的导热性低，吸收水分、湿气和有害气体的能力很强，而且遍地皆是，取之不尽，所以北方农村广泛采用它。缺点是容易污染被毛和皮肤，使舍内尘土飞扬，而且重量大，运送费力。

(5)泥炭 导热性低，吸水能力达600%以上，吸氨能力达1.5%～2.5%，超过其他材料，而且本身呈酸性，有杀菌作用。有与干土相同的缺点。

27. 常说的"江水奶"是怎么回事？

羊"江水奶"从外观看没有异常，只是羔羊吃了腹泻，一时很难找到原因，羔羊表现生长发育缓慢，消瘦，被毛干燥没光泽，哺乳母羊一般营养状况较差。造成"江水奶"的主要原因：一是母羊患隐性乳房炎，是一种病态，也可能是羊患有其他疾病的一种表现。二是母羊营养不平衡，特别是缺乏蛋白质、矿物质、维生素等。三是羊发生代谢性疾病。四是羊发生霉败饲料中毒。

28. 怎样保证哺乳母羊有充足的奶水？

(1)抓好产后护理工作 产后用经消毒的干净毛巾温水浸湿擦洗母羊的乳房、乳头，并用双手捏挤乳头，让羔羊尽早吃初乳。产前产后用黄豆磨成浆加温水喂羊，催乳效果好，产后1～7天每天用温水热敷也有增加泌乳的作用。精心喂养母羊，给予优质且易消化的鲜草、青干草、青贮草、多汁饲料、精料等。

(2)保证充足的营养 哺乳母羊以优质青草、青干草为主，精料为辅，从而改善哺乳母羊身体状况，提高母羊的乳汁分泌量和乳汁营养，减少母羊产后代谢疾病。另外，充足的营养可提高母羊的免疫功能和抗病能力，减少母羊和羔羊的发病率。

(3)供给充足的饮水 水对母羊的健康和泌乳有直接影响，平时可以多增加光照时间和保持羊舍适宜温度，可刺激产奶。夏季要注意做好防暑降温，冬季要注意防寒保暖。

29. 种公羊营养需要的特点是什么？

"公羊好、好一坡，母羊好、好一窝，"说的就是公羊质量的好坏直接影响到羊群的整体生产水平。种公羊营养需要的特点是，应保持在较高的水平，以保持常年健壮，精力充沛，性欲旺盛，配种能力强，精液品质好，充分发挥种公羊的作用。种公羊精料中要含有高质量的蛋白质，另外还要注意脂肪及维生素 A、维生素 E 及钙、磷等矿物质的补充，它们与精子的活力和精液品质有关。在满足种公羊营养的同时，还应加强运动，限制采精次数(每天最多 2 次，每周 8～10 次)，保证种公羊的体况良好。种公羊在秋、冬季节性欲比较旺盛，精液品质好，春、夏季节种公羊性欲减弱，食欲逐渐增强，这个阶段应有意识地加强种公羊的饲养，使其体况恢复，精力充沛，夏季天气炎热，影响采食量，8 月下旬日照变短，性欲旺盛，若营养不良，则很难完成秋季配种任务。配种期种公羊性欲强烈，身体消耗大，食欲下降，只有尽早加强饲养，才能保证配种季节种公羊的性欲旺盛，精液品质良好，圆满地完成配种任务。

对种公羊饲喂的草料，要求营养价值高、品质好、容易消化、适口性好，理想的粗饲料有优质青干草、苜蓿、黑麦草、羊草、三叶草等。理想的精饲料有玉米、高粱、大麦、燕麦、豌豆、黑豆、豆饼、花生饼等，黄米、小米能提高精液品质，在配种时期可适当补喂，但喂量太大(占精料的50%以上)，易使公羊太肥，理想的多汁饲料有胡萝卜、甜菜、马铃薯及青贮饲料等。另外种公羊的草料应因地制宜，就地取材，力求多样化，互相搭配，合理使用。

30. 种公羊的饲养管理措施有哪几个方面?

(1)区别对待

①非配种期的饲养管理　种公羊在非配种期的饲养以恢复和保持其良好的种用体况为目的。配种结束后，种公羊的体况都有不同程度的下降。为使体况很快恢复，在配种刚结束的1～2个月，种公羊的日粮应与配种期基本一致，但对日粮的组成可做适当调整，加大优质青干草或青绿多汁饲料的比例，并根据体况的恢复情况，逐渐转为饲喂非配种期的日粮。在我国大部分绵羊、山羊品种的繁殖季节很明显，大多集中在9～12月份(秋季)，非配种期较长。在冬季，种公羊的饲养要保持较高的营养水平，既有利于体况恢复，又能保证其安全越冬度春。做到精粗饲料合理搭配、补喂适量青绿多汁饲料(或青贮饲料)。在精料中应补充一定的矿物质微量元素，混合精料的用量不低于0.5千克，优质干草2～3千克。种公羊在春、夏季有条件的地区应以放牧为主，每天补喂少量的混合精料和干草。

(2)配种期的饲养管理　种公羊在配种期内要消耗大量的养分和体力，因配种任务或采精次数不同，个体之间对营养的需要相差很大。一般对于体重在80～90千克的种公羊每日饲料定额如下：混合精料1.2～1.4千克，苜蓿干草或野干草2千克，胡萝卜0.5～1.5千克，食盐15～20克，骨粉5～10克。分2～3次给草料，饮水3～4次。每日放牧或运动时间约6小时。对于配种任务繁重的优秀种公羊，每天应补饲1.5～2千克的混合精料，并在日粮中增加部分蛋白质饲料(豆粕、苜蓿粉、鸡蛋等),以保持良好的精液品质,经常观察羊的采食、饮水、运动及粪、尿排泄等情况,保持饲料、饮水的清洁卫生,如有剩料应及时清除,减少饲料的污染和浪费,青草或干草要放入草架饲喂。

(2)科学管理 在我国大部分地区,夏季高温、潮湿,对种公羊不利,会造成精液品质下降。种公羊的放牧应选择高燥、凉爽的草场,尽可能充分利用早、晚进行放牧,中午将公羊赶回圈内休息。种公羊舍要通风良好。如有可能,种公羊舍应修成带漏缝地板的双层式楼圈或在羊舍中铺设羊床。

(3)合理使用 在配种前1.5～2个月,逐渐调整种公羊的日粮,增加混合精料的比例,同时进行采精训练和精液品质检查。开始时每周采精检查1次,以后增至每周2次,并根据种公羊的体况和精液品质来调整日粮或增加运动。对精液稀薄的种公羊,应增加日粮中蛋白质饲料的比例,当精子活力差时,应加强种公羊的放牧和运动。种公羊的采精次数要根据羊的年龄、体况和种用价值来确定,对1.5岁左右的种公羊每天采精3～4次,有时可达5～6次,每次采精应有1～2小时的间隔时间。特殊情况下(种公羊少而发情母羊多),成年公羊可连续采精2～3次。采精较频繁时,也应保证种公羊每周有1～2天的休息时间,以免因过度消耗养分和体力而造成体况下降。

31. 母羊群中公羊多大比例最合理?

采用人工授精每只公羊每年可配母羊700～1 500只,采用公母混群饲养自由交配,每只公羊每年可配母羊20～30只,所以每群(母羊20～30只)羊应有1只种公羊,即公母比例为1∶20～30较合理。

32. 母羊群中试情公羊的重要性是什么？

试情公羊分为正常参与配种的公羊和去势后失去配种能力的公羊。作用是试情公羊散发出的异味可刺激母羊早发情，通过试情公羊对母羊群中的母羊进行试情，观察母羊是否接受公羊爬跨，从而对母羊发情情况做出鉴定，使配种（自由交配或人工授精）适时准确，提高受胎率，试情公羊的投放比例为公、母 1：50。

33. 肉羊的四季管理措施分别是什么？

(1)夏季羊群饲养管理要点

①防高温　肉羊生长的适宜温度范围为 20℃～25℃，夏季温度高于 30℃时，羊体散热受阻，热平衡被破坏，便出现热应激，应引起高度重视，采取必要的措施。在运动场为羊群搭建遮阳棚，周边栽植阔叶树木，吸收太阳辐射热，降低羊场温度。无论是放母羊群，还是舍饲羊群，都必须提供充足的清洁饮水，水中添加适量的食盐。通过增加饲喂次数、提高饲料的适口性来增加采食量，从而提高其生产性能。减少饲料中的粗纤维含量，使其控制在 10%左右，在饲料中添加 0.5%～2%碳酸氢钠，以减缓或消除热应激的影响。

做好应激处理。羊一旦发生中暑，应迅速移至阴凉通风处，并用水浇淋羊的头部或用冷水灌肠散热，使羊体温降至常温为止。也可根据羊只营养状况适量静脉放血，同时静脉注射生理盐水或糖盐水。

调整放牧时间。放牧羊群应做到早出晚归，尽量选择地势高、通风凉爽的山冈草坡或平坦开阔的草地放牧，防止羊群“扎窝子”。对于舍饲羊来说，要注意通风换气。

②防蚊虫　及时清理圈舍及圈舍周围的粪便和污水等，以减少蚊虫滋生，选择高燥、凉爽的地方放牧，注意防毒蛇咬伤。

(2)秋季羊群饲养管理要点

①延长放牧　在秋天，牧草丰富，草籽逐渐成熟，羊群放牧要坚持早出晚归，延长放牧时间，让羊多吃、吃饱，迅速上膘。舍饲羊群也要尽可能采食青绿饲料，以保证营养的需要。

②防疫驱虫　根据本场具体情况，适时给羊群接种疫苗和驱虫。

③做好配种　加强种羊营养，使羊群在10月底前完成全部配种任务。

④预防潮湿　秋季多雨，圈舍潮湿宜于致病性真菌、细菌和寄生虫的繁殖与滋生，尤其易患腐蹄病。可给圈舍地面铺垫干土或铺设羊床，确保圈舍干燥干净。

(3)冬季羊群饲养管理要点

①调整饲料　冬季羊需要摄取大量营养，增加体内热能产量，以补偿过多的热散失，应注意能量饲料的供给。

②饮用温水　冬季羊群的饮水量会明显下降，但仍需要满足供给，水温应控制在5℃～10℃。

③补充含维生素饲料　冬季羊群容易缺乏脂溶性维生素，必须注意添加优质的青干草和补充胡萝卜等块根块茎类饲料。

④羊舍保暖　采取保暖措施，提高圈舍温度。

(4)春季羊群饲养管理要点　春季是羊群最难熬的季节，经过冬季枯草季节，春季饲料来源更加困难，羊群膘情下降，母羊处于产羔、哺乳期，营养消耗量更大。此时，如果缺乏营养，羊的体质会迅速下降，母羊会出现缺奶、弃羔现象。春季气温变化较大，易引发疾病，春末放牧羊群常因跑青而消耗更多的体能，乏瘦现象会更加严重。因此，春季更应加强羊群的科学管理。

①选择凹地放牧　要选择背风向阳、水源较好的低凹处，采取

顶风出牧、顺风归牧的放牧方式，尽量缩短放牧距离，防止体力消耗。出牧前先给羊喂一定量的干草和精料防止羊群“跑青”掉膘和采食过量嫩草引起瘤胃臌胀或中毒。舍饲羊群还要注意饲料的营养搭配，对哺乳母羊，不仅要保证优质青干草和精料的供给，还要适当补充多汁饲料或青绿饲料。

②注意圈舍保温　注意圈舍保暖工作，尤其是新生羔羊圈舍的温度应保持相对稳定。

③搞好防疫驱虫工作　在羊群体质恢复后，进行防疫和驱除体内外寄生虫工作，并对圈舍进行彻底消毒。

④调整精料配方　在提高精料蛋白质水平的同时，注意矿物质元素的补充。可在槽头放上盐砖，任其自由舔食。缺硒地区，还要补硒。

34. 成年羊育肥营养需要的特点是什么？

成年羊已停止生长发育，增重往往是脂肪的沉积，因此需要大量能量物质，其营养需要中除能量外其他营养成分要略低于羔羊。一般品种的成年羊育肥时，达到相同增重的能量需要高于优良肉用品种10%左右，加强成年羊育肥能够在较短的时期内获得较高的日增重，从而降低单位增重的饲料和劳动力消耗。羊在育肥过程中肉的品质发生很大变化，随着膘情的改善，羊肉中的水分相对有所下降，成年羊的增重几乎是脂肪。形成羊体脂肪的原料，来自饲料中的碳水化合物、脂肪和蛋白质等，饲料中不饱和脂肪酸经瘤胃微生物作用变成饱和脂肪酸，再经吸收直接沉积在羊体脂肪组织中，饲料中的粗纤维等碳水化合物，经瘤胃和盲肠中的微生物分解，产生挥发性低级脂肪酸，在羊体内形成体脂肪，是羊只增加体脂的主要来源。饲料中的蛋白质是形成体脂的次要原料，因此保证成年羊育肥期充足的富含碳水化合物饲料的供应是十分重要的。

35. 成年育肥羊饲养管理措施有哪些?

羊进入育肥栏舍前,对圈舍进行消毒,要按来源、性别、年龄、体况、大小和强弱等将育肥羊进行合理分群,进行驱虫。制定育肥方案,贮备充足的饲草饲料,育肥中做好体重测定、日耗草料数量、疫病情况等各项记录,以便结束时计算成本。饲喂时,应尽量喂饱,并限制活动,达到增重迅速,提高净肉率。

育肥之前,对羊只做全面健康检查,凡是病羊均应治愈后育肥。过老、采食困难的羊只应区别对待,否则会浪费饲料,同时也达不到预期效果。成年羊育肥期不宜过长,因为体内沉积脂肪的能力有限,要根据育肥羊只膘情,灵活掌握育肥时间。膘情较差的羊,可用增重较低的营养物质饲喂,使其适应育肥日粮,经1个月复膘后,再把日粮营养提高。在青草期,可先将体况差的成年羊放牧饲养一段时间,利用青草使羊复膘,然后再育肥,这样可节省饲料,降低成本,育肥期中应及时按膘情程度调整日粮,延长育肥期或提前结束育肥。

育肥阶段,应多喂青干草、青贮饲料和各种蔓藤等,同时适当加喂大麦、米糠、菜籽饼、酒糟等精饲料,育肥期一般为2个月。育肥期内每天饲喂混合料拌草3次,前20天每只每日加喂精料350～450克;中期20天每只每日加喂精料400～500克;后期20天每只每日加喂精料500～600克;粗料不限量,在此育肥期间,饲喂氨化秸秆或在饲料中添加尿素,均可明显提高育肥效果。

在有天然草场或人工草场的地方,可选择牧草丰盛、地势平坦、有水源的地方进行放牧育肥。但单靠放牧一般很难使羊达到满膘,不能短期出栏,宜采取放牧加补饲的方法,或先放牧1～2个月,后期要有不少于1个月的舍饲育肥期,利用高精料日粮催肥,以达到改善羊肉品质的目的。若本地区缺乏精料,也可放牧4个月左右，再舍饲育肥1个月，同时限制其运动，即可在短期内使其育肥出栏。成年羊放牧育肥若正值春季，牧草缺乏，应注意补饲。在自由采食粗饲料的情况下，每只羊每天补饲0.75千克玉米、麦麸和少量饼渣类蛋白质饲料配成的混合精料，牧草丰盛时可适当减少精料补饲量。

36. 淘汰羊怎样育肥?

淘汰羊分淘汰母羊和淘汰公羊两大类。淘汰母羊一般指失去繁殖能力，产羔率低，母性差，不发情，不妊娠，空怀，流产，死胎等老弱病残，淘汰羊有很少一部分膘肥体壮，可直接作为商品出售。淘汰公羊一般指经过多次选种，达不到种公羊标准的，配种羊过肥或过瘦或精液质量不合格或失去配种能力的。淘汰羊身体瘦弱，产肉率低，肉质差，经过育肥，使肌肉之间脂肪量增加，皮下脂肪量增多，肉质变嫩，风味也有所改善，在短期内获得较高的日增重，降低单位增重的饲料消耗，使经济价值提高。

(1)制定育肥方案，贮备充足的饲草饲料 淘汰羊情况复杂，管理难度大，进行合理分群，制定多种育肥方案。育肥之前，还应该对羊只做全面健康检查，凡是有治疗价值的羊应先进行治疗、驱虫等，再进行育肥。

(2)育肥措施 淘汰公羊应在育肥前10天左右去势。育肥羊进入育肥栏舍前，对圈舍进行消毒，饲喂时，应尽量让羊吃饱，并限制活动，达到增重迅速，提高净肉率。可采用舍饲育肥或放牧加补饲育肥方式。

37. 怎样给羊去角?

羔羊去角是舍饲羊饲养管理的重要环节。羊有角容易发生创伤，不便于管理，个别性情暴烈的种公羊还会攻击饲养员，造成人身伤害。羔羊一般在出生后 7～10 天去角。去角的方法主要如下。

(1)烧烙法 将烙铁于炭火中烧至暗红（亦可用功率为 300 瓦左右的电烙铁）后，对保定好的羔羊的角基部进行烧烙，烧烙的次数可多一些，每次烧烙的时间不超过 10 分钟，当表面皮肤破坏，并伤及角原组织后可结束，对术部应进行消毒。也可用 2～3 根 40 厘米长的锯条代替烙铁使用。

(2)化学去角法 即用棒状苛性碱（氢氧化钠）在角基部摩擦，破坏其皮肤和角原组织，术前应在角基部周围涂抹一圈医用凡士林，防止碱液损伤其他部分的皮肤。操作时先重、后轻，将表皮擦至有血液浸出物即可，摩擦面积要稍大于角基部。由母羊哺乳的羔羊，在半天以内应与母羊隔离，哺乳时，也应尽量避免羔羊将碱液污染到母羊的乳房上而造成损伤，去角后，可给伤口撒上少量的消炎粉。

38. 怎样给羊修蹄？

修蹄是重要的保健工作，对舍饲羊尤为重要，羊蹄过长或变形，会影响羊的行走，产生蹄病，甚至造成羊只残废。奶山羊每 3～4 个月应检查和修蹄 1 次，其他羊只可每半年修蹄 1 次。修蹄可选在雨后进行，此时蹄壳较软，容易操作。修蹄的工具主要有蹄刀、蹄剪（也可用其他刀、剪代替），修蹄时，羊站立保定，术者骑在羊颈肩部，双腿稍用点力将羊夹住，面向羊后躯，先修两前蹄，左手握住羊的左前蹄并抬起，右手持剪，先除去蹄下的污泥，再将蹄底削平，剪去过长的蹄壳，将羊蹄修成椭圆形，同样方法修好右前蹄，再修两后蹄。修蹄要细心操作，动作准确、有力，要一层层地往下削，不可伤及蹄肉。

39. 肉羊驱虫的重要性及方法是什么?

羊的寄生虫病较常见,有体内寄生虫病和体外寄生虫病。患病羊往往食欲降低,生长缓慢,消瘦,毛皮质量下降,抵抗力减弱,重者甚至死亡,给养羊业带来很大的经济损失。驱虫是肉羊生产管理的重要环节之一,为了减少因寄生虫病造成的损失,一般每年驱虫3~4次。

常用的驱虫药物有四咪唑、驱虫净、阿苯达唑、阿维菌素或伊维菌素等。阿苯达唑是一种广谱、低毒、高效的驱虫药,每千克体重的剂量为5~20毫克,对线虫、吸虫、绦虫等都有较好的治疗效果。阿维菌素或伊维菌素,有针剂、片剂,按每千克体重0.2毫克的剂量一次口服或皮下注射。驱虫方法可采用口服、肌内注射、皮下注射、皮肤外涂、药浴等,实际生产中应根据不同个体区别对待。驱虫后1~3天,粪便及时清理进行无害化处理,羊群在指定草场放牧,防止寄生虫及其虫卵污染草场,3~4天后即可转移到一般草场。

40. 给羊药浴的基本原则是什么?

第一,药浴一般在春、夏、秋季气候比较温暖的季节进行,并要选择晴朗的天气,用0.5%~1%敌百虫溶液等,每次药浴时间1~2分钟,药浴时必须使药液浸透羊全身,临到出口时应将羊头按入药液内1~2次,羊一般应药浴2次,间隔7~10天。

第二,药浴前5~8小时停止放牧或饲喂,药浴后4~8小时方可放牧或饲喂,入浴前2~3小时让羊饮足水,以免入池后误饮药液。

第三,妊娠羊不宜药浴。

第四，药浴顺序应为，先让健康羊药浴，后让患寄生虫病羊药浴。

第五，药浴所用水一般前1天注入所需量，药液应现配现用。

41. 公羊去势的作用及时间是什么？

(1)作用 去势分育肥羔羊去势和不作种用淘汰公羊去势两种情况，羔羊去势与否要根据市场需要，生产计划等因素来确定，若是销售羔羊肉，不必去势，若是常规销售，就要进行去势。不作种用成年公羊需进行去势，以防乱交乱配，去势后的公羊性情温驯，管理方便，所产羊肉无膻味，变得较细嫩多汁，肉质得到改善。

(2)去势时间 一般在羔羊出生2周左右为宜，选择无风、晴暖的早晨，遇天冷或羔羊体弱，可适当推迟。去势时间过早或过晚均不好，过早睾丸小，去势困难；过晚流血过多，管理难度大，易造成早配现象，淘汰公羊随时可进行去势。

42. 公羊去势的方法主要有哪几种？

(1)结扎法 公羔1周龄时，将睾丸挤在阴囊里，用橡皮筋或细绳紧紧地结扎在阴囊的上部，断绝血液流通。去势后最初几天，对伤口要常检查，如遇红肿发炎现象，要及时处理。经过15天左右，阴囊和睾丸干枯，便会自然脱落。去势后要注意去势羔羊环境卫生，垫草要勤换，保持清洁干燥，防止伤口感染。

(2)手术法 羔羊去势需两人配合，一人保定羊，保定者坐在凳子上，凳子高低根据羊的大小确定，双手提住羊两后肢，背靠保定者，然后手术者一只手捏住阴囊根部，将睾丸挤到阴囊最下端，用5%碘酊消毒手术部位，另一手用经消毒的手术刀在阴囊侧面或最下端切开一小口，约为阴囊长度的1/3，以能挤出睾丸为度。

切开后，把睾丸连同精索拉出用大拇指和食指夹住精索来回滑动数次，将精索撕断，一侧的睾丸摘除后，再用同样方法摘除另一侧睾丸，也可把阴囊的纵膈切开，把另一侧的睾丸挤过来摘除，睾丸摘除后，把阴囊的切口对齐，用消毒药水涂抹伤口。淘汰公羊去势两人配合采用横卧保定，一般将两前肢和横卧时上边的一条后肢捆绑在一起，一人保定羊的头部，手术者一只手用力捏住阴囊根部，将睾丸挤到阴囊最下端，用5%碘酊消毒手术部位，另一手用经消毒的手术刀在阴囊侧面或最下端切开一小口，约为阴囊长度的1/3，以能挤出睾丸为度。切开后分离附睾韧带，将睾丸连同附睾一同拉出，将分离的附睾韧带用力推向腹内方向，充分暴露输精管和精索，并用12#缝合线将输精管和精索进行结扎，防止出血，同样方法摘除另一侧睾丸。术后前2天要进行检查，如阴囊收缩，则为正常，如阴囊肿胀发炎，可挤出其中的血水，再涂抹消毒药水和消炎粉。

(3)不完全去势法 此法是让公羊失去睾丸产生精子的功能而保留内分泌功能。适用于1～2月龄公羔，手术时，将羔羊保定成半蹲半仰姿势。术者用5%碘酊消毒阴囊外侧中间1/3处，用左手拇指、食指和中指捋挤阴囊，将睾丸握在手中，用消毒的手术刀纵向刺睾丸，深0.5～1厘米。刀刺入后随手扭转90°～135°，通过刀口将睾丸的髓质部分用手慢慢捏挤出来，而附睾、睾丸膜及部分间质还留在阴囊，用同样方法实施另一侧手术。不完全去势法的优点在于破坏了产生精子的功能，抑制了性行为，提高饲料同化效率，降低体内异化过程；另外，由于保存了间质部分，能直接或间接促进羔羊生长激素的分泌，起到促进生长的作用。据文献报道，此法去势的小公羊，比用一般去势的小公羊到成年时的活重可提高17%～25%。

43. 给羊刷拭的方法是什么？

给山羊刷拭身体应合了羊爱干净的自然习性，刷拭可清除羊体表粘上的树叶、粪便、尘土、皮屑等污物，加快山羊血液循环，改善消化功能，促进新陈代谢，减少体表寄生虫的发生，促进生长。刷拭对种公羊尤为重要，应每天刷拭1～2次，保持体毛光顺，皮清毛亮。刷拭工具有棕刷、梳子等，刷拭顺序由前至后，由上到下，刷拭时间一般在采食后进行，此时羊不愿活动，容易刷拭，经过一段时间羊会形成条件反射。见彩图5-7。

44. 怎样捉羊、抱羊、导羊？

(1)捉羊　羊的性情怯懦、胆小，不易被捉，为了避免捉羊时把毛拉掉或把腿拉伤，捉羊人应悄悄地从后部接近，用两手或单手迅速抓住羊的左右两肷窝的皮肤或一条后肢。

(2)抱羊　把羊捉住后，人站在羊的右侧，右手由羊前面两腿之间伸进托住胸部，左手抓住左侧后腿飞节，把羊抱起，再用胳膊由后外侧把羊抱紧。这样，羊能紧贴人体，抱起来既省力，羊又不能乱动。

(3)导羊　导羊即引导羊前进的方法，导羊人站在羊的一侧，左手托住羊的颈下部，右手轻轻搔动羊的尾根，羊立即前进，按人的意图到达目的地。

45. 怎样给羊称重？

对肉羊生产情况进行综合评定，必须定期称重，这样可以掌握羊群的生长发育情况，了解羊群的采食及消化功能是否正常，饲料是否达到羊群所需的营养标准，从而及时调整饲料配方，改善饲养管理，使商品肉羊按时出栏，种羊按时配种。羊群的称重时间可依据生产目的来确定，种羊群在羔羊初生、断奶、6月龄、12月龄、18月龄、24月龄分别称重；商品羊在育肥前、育肥期、育肥结束后分别称重。在每年配种前1个月，要根据羊群的体重情况和年龄情况，对羊群进行调整，使羊群在年龄、体重上趋于一致，饲喂时不致有的采食多，对饲养管理提供参考依据。

46. 给羊编号的方法主要有哪几种？

为了便于肉羊生产和管理羊群，进行合理的选种、选配，需对羊只进行编号。编号方法有耳标法、剪耳法、墨刺法、烙角法4种。

(1)耳标法 是最常用的方法，耳标用铝片或塑料制成，目前由畜牧管理部门供应专用塑料耳标，上面的号码共15位数字，一个耳标一个号，上面包含省、市、县、场、具体羊只等各种信息，对所佩戴羊是唯一的。佩戴时羊耳内外用2%～5%碘酊消毒，用耳号钳直接固定在羊耳上。在给羊佩戴耳标时为区分性别，公羊在左，母羊在右，或公羊选择单号，母羊选择双号。

(2)剪耳法 在羊的左右两耳上剪出不同的缺刻代表其个体号码。左耳作个位数，右耳作十位数字，左耳的上缘剪一缺刻代表3，下缘代表1；耳尖代表100，耳中间圆孔为400；右耳下缘一个缺刻为10，上缘为30，耳尖为200，耳中间的圆孔为800。

(3)墨刺法 是用特制的刺字钳和10个数字钉，把所需号码打在羊耳上边，耳内用碘酊消毒，然后蘸墨汁在耳内毛少部分刺字。这种方法随着羊的生长，字体常常模糊，无法辨认。因此，经过一段时间要重新刺字。

(4)烙角法 仅限于有角的公、母羊，用烧红的钢字，把号码烙在角上。这种方法可作为辅助编号，检查时较方便。

47. 给羊断尾的作用及方法是什么?

为了使繁殖母羊臀部免受粪便污染,减少饲料消耗,便于配种,一般在羔羊出生1～3周将尾巴在距离尾根4～5厘米处断掉。可采用以下两种方法。

(1)结扎法 用橡皮筋或专用橡皮圈套在羔羊尾巴第三、第四尾椎间,阻断血液流通,使尾巴下端萎缩、干枯,一般经7～10天而自动脱落。

(2)热断法 先用带有半月形缺口的木板压住羊尾巴,再将特制的断尾铲烧热至淡红色,缓缓将尾巴铲断,断尾后将皮肤恢复原位包住创口,创面用5%碘酊消毒。

48. 家庭牧场式肉羊养殖的优点是什么?

(1)符合国家政策 中央连续多年提出发展家庭农场(牧场),充分说明家庭牧场式肉羊养殖是形势发展的需要,是广大农民群众的期盼,符合农村实际。

(2)投资相对较少 家庭牧场式肉羊养殖,在农村一般家庭通过政府相关政策扶持、国家信贷部门资金支持,加之家庭牧场是自己的,自己的事自己会想方设法努力,每个环节的投资费用基本上都可得到解决,投资费用相对较少。

(3)节省劳动力、效益高 家庭牧场式肉羊养殖一般不需雇用专门劳动力,家庭成员内部就可完成日常饲养、管理等项工作,他们都是心向一处想,劲向一处使,且相互协作、相互配合,达到人尽其用、物尽其用,劳动效率非常高。

(4)种养业有机结合 肉羊养殖所产生的粪便为种植提供有机肥,有效提高土壤有机质,节约种植业支出,种植业又为肉羊养殖提供一部分饲草、饲料，从而降低养羊成本，从而使种养有机结合，循环利用，一举多得。

(5)利于引进新技术 利用种植业产生的农副产品、植物秧苗、块根、块茎等饲草、饲料，减少粮食在肉羊养殖中的使用比例，从而节约粮食，以缓解人畜争粮的矛盾，实施生态养殖。

(6)促进农民工就业 随着农村土地制度改革不断深入，土地经营模式不断完善，土地逐步向种植大户集中，大批农民从土地上解放出来，他们参与肉羊养殖是重新就业的选择途径之一。

49. 确定肉羊场规模大小的基本原则是什么？

(1)因地制宜的原则 规模养殖是发展肉羊业的必然趋势，但一定要从实际出发，按照当地的自然条件、羊场的环境条件、经济条件、技术条件制定发展计划，确定养殖规模。

(2)有利于提高效益的原则 从根本上讲，规模养殖就是为了获取更大的经济效益。在条件具备的情况下进行规模化肉羊养殖，使养殖场地、劳动力、资金、饲草、饲料得到合理利用，提高劳动生产率、商品生产率和经营者的收入。如果条件不具备仓促上马搞规模养殖，不但不能形成资源的合理配置，相反会打破原有较为合理的资源配置，使生产水平下降。

(3)市场畅销原则 规模大小与市场需求相一致，既要注重提高产量和质量，降低成本，又要注重调整品种和数量；既要考虑资源的合理利用，又要考虑市场的需求变化，准确把握市场，对短期市场和长期市场全面考虑。否则，就会造成积压与资源的浪费。

(4)无污染原则 规模化肉羊养殖的布局应从畜牧业良性循环需要出发，最大限度地减少废弃物对生态环境的污染与破坏。场址不应靠近城镇、居民生活区和主要交通干线，与饲草、饲料基地较好地结合起来。

50. 如何制定肉羊生产计划?

肉羊生产是自然再生产和经济再生产，其不可控因素较多。因此计划要有一定弹性，以适应各种条件变化，适应国家的养羊业计划，满足社会对羊产品的要求。制定肉羊生产计划要从实际出发，指标要科学，不能太高，也不能太低，注重市场，以销定产，统筹兼顾，做到劳力、机具、饲草、饲料、资金、产销等之间的综合平衡。

(1)市场综合分析的内容 包括近期肉羊生产发展情况，经验和教训，当前肉羊生产市场环境，国家对肉羊产业的规划，扶持政策，肉羊市场需求预测，城乡居民的消费心理、趋势等。提出目标和计划的具体内容，分析有利和不利因素，采取合理的管理和技术措施，达到以销定产，开创“人无我有，人有我新，人新我优，人优我转”的路子。

(2)肉羊生产计划内容

①**销售计划** 包括种羊、商品肉羊、羔羊、羊粪销售。销售量、销售渠道、销售时间及销售方针策略等。

②**成本利润计划** 根据市场羊肉、商品羊(种羊)、饲料、劳动力、饲养技术水平等各种成本构成因素，对成本及总体生产成本等支出进行测算，做出计划。

③**生产计划** 包括羔羊生产、配种分娩和羊群周转、种羊供种、肉羊出栏等，确定年初、年终的羊群结构及各月各类羊的饲养只数，同时还要确定羊群淘汰、补充数量等。

④**配种分娩计划** 主要是依据羊群周转计划、母羊的繁殖规律、饲养管理条件、配种方式、饲养的品种、技术水平等。

⑤**草料供应计划** 养羊生产中饲草饲料费用占生产总成本的60%～70%，所以在制定草料计划时既要注意饲料价格，又要保证饲料质量，既要保证及时充足的供应，又要避免积压。

⑥疫病防治计划　实行“以养为主，养防结合”的方针，内容包括羊群的定期检查、羊舍消毒、各种疫苗的定期注射、病羊隔离与无害化处理等。

⑦资金使用计划　资金使用计划是经营管理中非常关键的一项工作，做好计划并顺利实施，最大限度提高资金使用效率，精打细算，合理安排，科学使用。

51. 如何进行肉羊养殖的成本核算？

(1)产(销)量完成情况分析　主要包括计划完成情况、经济发展情况、生产管理水平、生产技术指标等。产羔率反映母羊的妊娠和产羔情况。羔羊成活率反映羔羊的培育水平。肉羊出栏率反映肉羊生产水平和羊群周转速度。增重速度一般以平均日增重表示（克/日）。饲料报酬指投入单位饲料所获得的产品量，反映饲喂效果。在肉羊生产上常以“料肉比”表示，即消耗的饲料∶肉羊的增重。另外，还有羔羊断奶重、肉羊出栏重等技术指标。

(2)利润分析　产品销售收入扣除生产成本就是毛利，毛利再扣除销售费用和税金就是利润。

(3)成本分析　在完成了利润分析之后，进一步对产品成本进行分析。产品成本是衡量羊场经营管理成果的综合指标，分析之前应对成本数据加以检查核实，严格划清各种费用界限，统一计划口径，以确保成本资料的准确性和可比性。

(4)饲(草)料消耗分析　饲(草)料消耗的分析，应从饲(草)料的消耗定额、利用率和饲料配方 3 个方面进行。可先算出各类羊群某一时期耗(草)料数量，然后同各自的消耗定额对比，分析饲(草)料在加工、运输、贮存、饲喂等各个环节上造成浪费的情况及原因。不仅要分析饲(草)料消耗数量，还要对日粮从营养成分和消化率及饲料报酬、饲料成本进行具体的对比分析，从中筛选出成本低、报酬高、增重快的日粮配合和饲喂方法。

(5)劳动生产率分析

每个职工年均劳动生产率＝全场年生产总值/年平均职工人数

每工作日(小时)产量＝某产品的产量/生产所用工时(小时)数

通过以上指标的计算分析,即可反映出羊场劳动生产率水平以及劳动生产率升降原因,以便采取对策,不断改进。

除对以上经济活动进行分析外,还应对羊场的财务预算执行情况、羊群结构、羊群周转率、羊场设施设备利用率等项内容进行分析,以便全面掌握羊场经济活动,找出各种影响生产发展的原因,采取综合改进措施,不断提高羊场经济效益。

52. 肉羊场档案管理的主要内容是什么?

肉羊生产要求从引种开始,到饲草、饲料、兽药采购及使用、技术应用、消毒、疾病诊断治疗、废弃物处理各个方面必须有翔实的档案记录,以便发现问题、查找原因、提出对策。

六、羔羊肉的生产技术

1. 羔羊接生应注意哪几个方面?

当母羊出现分娩征兆后，助产人员要剪短指甲、洗净手臂并消毒。戴上长臂乳胶手套，观察母羊分娩进程，检查胎位是否正常。胎位不正时，可先将胎儿露出部分推回子宫，再将母羊后躯抬高，手伸入产道，矫正胎位，随着母羊努责，拉出胎儿。胎儿过大时，可将两前肢反复拉出和送入，然后拉出。

在矫正和牵引过程中，一定要分清羔羊的前、后肢或双羔不同胎儿的前、后肢。必须保证所牵引的是同一胎儿的前肢或后肢。助产过程中，如果发现产道干燥，可向产道内注入消毒温肥皂水，并在产道内涂上无刺激性润滑剂，然后再牵引救助。如果确因胎儿过大而不能拉出，可采用剖宫产手术或截胎术。助产完成后，向子宫注入抗生素，并肌内注射缩宫素。

2. 初生羔羊如何进行护理?

羔羊因体质较弱，抵抗力差，生活自理能力差，受疾病危害大。所以，搞好羔羊的护理工作是提高羔羊成活率的关键。

(1)尽早吃好、吃饱初乳　母羊产后 3～5 天分泌的乳汁，奶质黏稠，营养丰富，称为初乳。初乳容易被羔羊消化吸收，是任何食物或人工乳不能代替的食料，同时由于初乳含镁盐较多，镁离子有轻泻作用，能促进胎粪排出，防止便秘；初乳还含有较多的抗体和溶菌酶，含有一种叫K抗原凝集素的物质，能抵抗大肠杆菌的侵袭。初生羔羊在出生后30分钟以前应该保证吃到初乳，吃不到自己母羊初乳的羔羊，最好能吃上其他母羊的初乳，否则较难成活。初生羔羊，健壮者能自己吮乳，用不着人工辅助。

(2)人工辅助喂奶 对弱羔或初产母羊、保姆性不强的母羊，需要人工辅助，即把母羊保定住，把羔羊推到乳房跟前，引导羔羊吮乳，经过几次训练，羔羊就会自己找母羊吃奶了。

(3)羔羊寄养 对于缺奶羔羊，要为其找保姆羊，就是把羔羊寄托给死了羔或奶特别好的单羔母羊喂养。开始人要帮助羔羊吃奶，先把奶母羊的奶汁或尿液抹在羔羊的头部和后躯，以混淆奶母羊的嗅觉，一般经2～3天人工辅助喂奶就可成功。

(4)安排好吃奶时间 母羊分娩3天以后的可以外出放牧，羔羊留在圈舍。开始应就近放牧，中午、下午各回来喂奶1次。15天以后如果母羊全天放牧，可中午回来喂奶1次。如果母羊早晨出牧，傍晚时归牧，会使羔羊严重饥饿，母羊归时羔羊往往狂奔迎风吃热奶，饥饱不均，羔羊易发病。

(5)加强对缺奶羔羊的补饲 对多羔母羊或泌乳量少的母羊，其乳汁不能满足羊羔的需要，应适当补饲。一般宜用牛奶或人工乳，在补饲时应严格掌握温度、喂量、次数、时间及卫生消毒等。应特别注意防止羔羊因消化不良而引起的腹泻。

(6)搞好圈舍卫生 应严格执行消毒隔离制度，羔羊出生7～10天后，羔羊痢疾增多，主要原因是圈舍不卫生，潮湿拥挤，污染严重。这一时期要多观察和检查，包括检查食欲、精神状态、排粪排尿的色泽和形态等，做到发现问题及时处治。对羊舍及周围环境要定期彻底清扫严格消毒，对病羔彻底隔离，对死羔及其污染物及时进行无害化处理，控制好传染源，防止扩散。

(7)适量运动 运动能增加羔羊食欲，既增加光合作用，又增强身体体质；既促进新陈代谢，又促进生长发育和减少疾病，从而为提高其肉用性能奠定坚实的基础。随着羔羊日龄的增长，可在附近草地上放牧，以逐步加大羔羊的运动量。

3. 羔羊的生理特点主要有哪些?

(1)生长发育快 8月龄前的羔羊饲料转化率可达3～4∶1，而成年羊为6～8∶1。生长高峰期一般在断奶前和5～6月龄这两个阶段，在良好的饲养管理条件下，良种肉羊及其杂种肉羊的日增重可达200克以上，从初生到3～4月龄时，体重可增加5～7倍。

(2)对植物蛋白利用率高 羔羊在1～8月龄对植物蛋白的利用率比成年羊高0.5～1倍。

(3)体温调节功能不健全 体温调节功能没有完善，神经反应迟钝，适应性和抗病力比成年羊弱，特别是初生羔羊，经过饲养人员的精心管理完全可以弥补这一不足。

(4)瘤胃不发达 羔羊瘤胃内微生物体系和黏膜功能尚未完全发育形成，消化酶分泌不足，消化功能不完善。这些都是要经过后天训练和科学的管理措施促使其尽早成熟和完善，以适应肉羊生产发展的需要。

(5)营养方式变化迅速 羔羊在胚胎期依赖母体吸收营养，在出生后2个月以内依赖羊奶维持生长发育需要的营养物质，在2个月以后完全可以依靠饲草饲料提供的营养物质来保证生长发育及生产活动的需要。

(6)体型外貌受环境影响大 羔羊体型、外貌、体尺、日增重受日粮类型、饲养管理水平、环境条件等各种因素影响，有一定的可塑性，营养平衡可培育成人们需要的肉羊。营养过度会长成肥羊，脂肪多，肉质变差；营养不足不但影响生长发育，而且会形成僵羊。

(7)肉质好、售价高 羔羊肉中瘦肉多，脂肪少，胆固醇低，肉质鲜嫩多汁，膻味小，营养丰富，易被人体消化吸收，是老人、幼儿的滋补佳品，目前市场上羔羊肉越来越受到消费者的喜爱。因此，市场售价比成年羊肉高30%～50%。

(8)羔羊肉生产成本低 肥羔生产周期短，商品率高，成本低。羔羊4～10月龄屠宰，加快了羊群周转，缩短了肉羊生产周期，提高了出栏率及出肉率。

4. 为什么要让羔羊尽早吃到初乳？

新生羔羊应在出生后尽快吃上初乳，因为初乳黏稠，群众习惯称为“胶奶”，内含较常乳多数倍的蛋白质、干物质、脂肪、维生素A、多种活性物质及免疫因子等，具有独特的生物学功能，是初生羔羊不可缺少的保健食品。初乳中所含的具有轻泻作用的镁盐可促使胎粪尽早排出。更重要的是，初乳中含有溶菌酶和抗体，溶菌酶能杀死多种病菌，免疫抗体可抵御各种疾病。因此，羔羊出生后尽早吃上初乳，对增强羔羊身体素质、提高抵抗疾病能力和排出胎有很重要的作用，1周龄之内的羔羊应与母羊同圈，由羔羊自由吮吸或每天哺乳4～6次，对弱羔、弃羔应通过寻找代理母亲或人工哺乳等办法，使其吃饱，人工哺乳要做到定时、定量，喂给清洁的定温奶。

5. 羔羊吃奶多少天最理想？

羔羊大约到7周龄时，瘤胃发育完全，这时可较好地消化粗饲料。因此，在这之前断奶的羔羊仅靠采食粗饲料无法获得足够的营养。羔羊的自然断奶大约是在4月龄时，但在良好的饲养管理条件下，许多肉用绵、山羊品种的羔羊2月龄体重便可达到10千克以上，其胃肠功能基本健全。此时，为了加快羊群繁殖速度，商品肉羔可以断奶，而计划用于繁殖的后备羔羊最好在3月龄后断奶。断奶应经过7～10天的逐渐适应期，以防止羔羊出现严重的断奶应激现象。羔羊断奶后，必须给予特别关照，除了供给一定量的易消化全价配合饲料外，还要供给足够的优质青干草和清洁饮水，任其自由采食和饮用。

6. 养好羔羊的饲料应具备哪些条件？

羔羊的饲料要营养全面均衡，体积适中，适口性好，羊喜欢吃，易消化吸收。从羔羊开始补饲到60日龄，最好使用全价成品代乳料，以后可到优质草场放牧，并补饲优质青干草、幼嫩青绿多汁的鲜草，并逐渐增加精料的补充等。

7. 养好羔羊的饲养环境应具备的条件是什么？

羔羊舍的理想温度是20℃～25℃，随羔羊生长温度可降至20℃，舍内面积每只0.4～0.38米^2，运动场面积0.8～1.5米^2，若是培育后备羊群，运动场面积可大些；若是作商品育肥羊，运动场面积则可小些。在运动场设置运动架、铁环（吊在羔羊前肢抬起能触及的高度）、小土丘等，饲槽长度平均每只0.2～0.3米。若是后备羊群最好有放牧条件，若是商品育肥羊可全部实行舍饲。圈舍保持干净卫生，冬暖夏凉，干燥通风。

8. 羔羊的饲喂方法有哪些？

哺乳期的羊叫羔羊，是羊一生中生长发育最快的时期，但它适应性差，抗病力弱，消化功能发育不完全。吸收营养的方式，从血液营养到奶汁营养再到草料营养，变化很大。不同的日粮类型、不同的营养水平、不同的管理办法，对它的生长发育、体质状况影响很大。因此，这一阶段的饲喂工作非常重要。

(1)母乳喂养 这一阶段为出生后1～60天。奶是羔羊的主要食物，它是一种营养完全的食品，羔羊生长发育快，营养需要多，其食物基本上是以羊奶为主，但也要早开食，早训练羔羊吃草料，以促进其前胃的发育，增加营养的来源。

(2)提早补饲 一般从10～15日龄开始喂草，将幼嫩、青绿多汁的草，捆成把吊于空中，让羔羊自由采食，同时有目的调教羔羊吃料，在饲槽里放上用沸水烫过的料，引导羔羊去啃，反复数次就能学会吃料。20天后的羔羊，应适当运动，随着日龄的增加，可把羔羊赶到牧场上吃草，结合定时补给草料。为了防止白肌病，对5～7日龄的羔羊可肌内注射亚硒酸钠维生素E注射液，0.5毫升/次。从45日龄以后，要减奶量增草料，若吃不进去草料就会影响其以后的生长发育。

(3)母乳结合补饲 奶与草料的过渡期，这一阶段为出生后60～90天，羔羊的食物开始是奶与草料并重，后期以草料为主，以奶为辅。即优质干草与精料不断增加，逐渐作为羔羊的基础日粮，而奶量不断减少，仅作为蛋白质补充饲料。由于哺乳期奶中的水分不能满足羔羊正常代谢的需要，羔羊哺乳期间一定要供给充足的饮水，可在圈内设置水槽，任其自由饮用净水。断奶后的羔羊要进行驱虫。

(4)全价饲料喂养 从45日龄以后，要减奶增加草料，到90天断奶，开始饲喂全价配合饲料，一般用成品全价配合饲料，使用方便，但成本高，也可自行加工配合饲料。现介绍几个实用配方。

配方1：玉米45%，豌豆30%，黄豆10%，黑豆8%，酵母粉2%，磷酸钙1%，食盐0.5%，添加剂3.5%。

配方2：玉米50%，麸皮20%，菜籽饼5%，大豆饼15%，骨粉2%，食盐1%，鱼粉4%，白糖2.5%，生长素0.5%。

配方 3：玉米 55%，豆饼 32%，麸皮 2%，苜蓿粉 3%，糖蜜 5%，食盐 1%，碳酸钙 0.7%，磷酸钙 1%，微量元素预混剂 0.3%。

配方 4：玉米 48%，豆饼 30%，大麦 11%，麸皮 3%，苜蓿粉 2%，糖蜜 2.5%，食盐 0.5%，碳酸钙 0.9%，磷酸钙 1.8%，微量元素预混剂 0.3%。

9. 羔羊育肥饲养管理措施有哪些？

(1)饲料原料多样化 羔羊育肥期的饲料要适口性好，易被消化吸收，营养物质丰富全面。白天应以精料和多汁饲料为主，夜晚则喂粗饲料，精料和多汁饲料应少喂勤添。一般精料喂量超过 0.2 千克时，就要分次喂给，多汁饲料也应在白天与其他饲料分开饲喂，各种饲料的饲喂顺序应先粗后精。断奶羔羊的日粮单纯依靠精饲料，既不经济又不符合生理规律，所以日粮必须要有一定比例的优质干草，一般占饲料总量的 40%～60%。苜蓿干草较好，它不仅蛋白质含量高，而且还含有促生长因子，其饲喂效果明显优于其他干草。舍饲肥育羔羊的日粮，精料的含量为 40%～45%、粗料和其他饲料的含量为 55%～60%的配合比较合适。如果要求育肥强度还要加大的话，精料的含量最高可增到 60%，此时一定要注意防止引发肠毒血症、酸中毒和因钙、磷比例失调而导致疾病的发生。

(2)饲喂要定时定量，少喂勤添 精料饲喂量应根据羊的年龄、体重和粗饲料质量而定，青干草尽量任其自由采食，做到先喂草后喂料，先饲喂后饮水，饮水要充足，且清洁卫生。舍饲的饲草供给可利用草架，精料的供给可利用饲槽给予的方式；一般先喂适口性差的饲料，后喂适口性好的饲料。每天在饲喂时观察羔羊的精神状态，吃草情况，饮水情况，排粪排尿的量、形状、色泽等，发现异常及时处理。

(3)保证饲料品质 羔羊育肥期应做到水、草、料、饲喂用具及圈舍的干净与卫生。育肥期内，尽量避免突然更换饲料，变换饲料要逐步过渡，使羔羊有一个适应的过程。

(4)有一定的饲养和活动场地 羔羊的舍内、舍外面积要有保证，每只羔羊舍内面积 0.4～0.8 米^2，舍外运动场面积 0.8～1.5 米^2，饲槽长度平均每只羊 0.2～0.3 米，运动场应配有一定的运动器械等。圈舍冬暖夏凉，而且通风、卫生、安静。见彩图 6-1。

10. 羔羊的卫生管理措施有哪些？

(1)圈舍要求 通风干燥，清洁卫生，夏挡强光，冬避风雪。保证每只羔羊的舍内面积 0.4～0.8 米^2 以上，另外有其面积 2 倍以上的运动场。

(2)喂养设施 羔羊饲槽位长度 0.2～0.3 米。自由饮水，并在运动场配备双面喂草架。

(3)以养为主，养防结合，减少疾病的发生 羔羊饲养管理的每个环节做到科学管理，精心饲养，饲喂优质的饲草、饲料，确保吃得干净卫生，营养平衡，提高抗病能力，减少疾病的发生，杜绝病从口入。

(4)羊舍卫生 每天按时清扫粪便 2 次，保持舍内、外干净卫生，夏季每周消毒 2～3 次，冬季每周消毒 1 次，用 2%氢氧化钠溶液消毒 1 次，先清扫，后喷洒。

(5)驱虫 羔羊在 2 月龄时进行第一次驱虫，驱除体内外寄生虫可选择使用。阿苯达唑，每千克体重 15～20 毫克，灌服；阿维菌素，每千克体重 0.2～0.3 毫克(有效含量)，皮下注射或口服。

(6)接种疫苗 羊快疫、羊猝殂、羊肠毒血症三联苗，每只羊 5 毫升，皮下或肌内注射。

11. 羔羊肉生产的特点是什么?

(1)羔羊肉市场潜力大 羔羊肉质具有鲜嫩、多汁、瘦肉多、脂肪少、味美、易消化及膻味小等优点,深受广大消费者欢迎,市场需求量逐年增大。

(2)羔羊生长快,饲料报酬高 2～3月龄时羔羊生长的第一个高峰期,这一时期饲料报酬高,成本低,收益高。

(3)出栏率高,生长周期短 羔羊多在3～4月龄出栏,母羊可早期断奶,提前进入下一个繁殖环节,缩短了羊群生产周期,出栏率、出肉率提高,获得最大的经济效益。减轻了越冬期的人力和物力的消耗,避免了冬季掉膘,甚至死亡的损失。

12. 影响羔羊育肥效果的因素主要有哪些?

(1)品种 专用肉用品种羔羊育肥效果高于地方品种,杂交羔羊育肥效果高于地方品种。

(2)饲料营养水平 饲料营养全面平衡羊生长速度快,育肥效果明显。

(3)性别、年龄 单从性别看,育肥速度最快的是2～4月龄的公羔,其次是4～10月龄的羯羊,最后为3～10月龄的母羊。

(4)温度 羔羊最适生长温度为20℃～25℃,最适季节为春、秋季,天气太热或太冷都不利于羔羊育肥。

(5)管理 精心饲养管理,有利于羔羊生长发育,提高羔羊育肥效果。

13. 国外羔羊生产有哪几个方面的特点？

第一，培育专门化肉羊品种（系），并选择体大、早熟、多胎和肉用性能好的亲本进行经济杂交。母羊要求利用年限长，育羔能力强、母羊难产少、抗病等。

第二，建立健全良种繁育和杂交利用体系。母羊性成熟早，全年发情，产羔率高，泌乳力强，羔羊生长发育快，饲料报酬高，肉用性能好。

第三，利用地方品种母羊与肉用品种公羊杂交，发展肥羔生产，多方面利用经济杂交作为生产羔羊的基本手段，充分利用杂种优势。

第四，实行草原区繁殖，农区育肥，农牧结合的合理布局。

第五，研究集约化肥羔生产所必需的繁殖控制技术。繁殖利用制度、饲养标准、饲料配方、育种技术、农副产品和青粗饲料加工利用技术，以及工厂化、半工厂化条件下生产肥羔的配套设施、饲养工艺和疾病防治程序等。

第六，根据自然条件不同选择品种。在气候炎热的干旱地区，主要选用边区莱斯特羊；在气候潮湿的地区则选用罗姆尼公羊；在气候条件适宜、饲草条件比较丰富的地区，选用南丘羊和有角陶赛特羊、萨福克羊等。

第七，专业育肥场的特点：

①推广工厂化养羊技术新工艺。

②规模大，专业化强。

③农场之间相互配合，彼此衔接。

④机械化水平高，饲料生产工厂化，饲料成分稳定，营养全价。

⑤劳动生产效率高，育肥15 000只羊只需5人管理。

⑥人工控制环境，有最好的环境参数。

第八，美国羔羊肉生产。羔羊肉生产是美国养羊业的主导产业，将育肥羔羊按日龄区分为肥羔和料羔两种。前者是指在正常断奶月龄前育肥出栏的奶羔，后者则指断奶后加料育肥或放牧育肥的羔羊。料羔是美国生产羔羊的主要方式，羔羊主要来自草原地带，多为萨福克羊与细毛羊的杂种，跨州长途运输，售给大型育肥场。育肥后一般能达到优等羔羊肉标准：羔羊胴体重20～25千克，活重43～48千克，眼肌面积不小于16.2厘米^2(按22.7千克胴体计)，脂肪层不小于0.5厘米，不大于0.76厘米(12肋骨处)，腿宽深，肌肉层厚，修整后肩、胸、腰、腿的切块占胴体重的70%。美国肥羔生产经济效益高主要是：①良种化程度高。②采用精料性饲养，有一套科学的饲料配方。③综合各州的繁殖周转方式，把各州的季节性生产纳入全国全年批量生产的供应轨道上，草原繁殖、农区育肥布局合理，相互依存，彼此独立。

第九，英国肥羔生产。主要做法是在山区主要饲养黑面羊、威尔士山地羊、雪维特羊及斯华代等山地品种羊。由于山区条件差，只进行繁殖，母羊育成后转售到平原地区，与早熟品种边区莱斯特公羊进行杂交。其后代杂种公羔全部供肥羔生产，母羔则转往北部人工草地地区，再用早熟丘陵品种(主要为萨福克羊)公羊进行杂交。所产羔羊早熟，胴体肥瘦度适中，为理想的肉用羔羊，全部作肥羔。这样，既充分利用地区条件的特点，又利用了杂种优势，从而获得很高的经济效益。

第十，俄罗斯肥羔生产。育种场用罗曼诺夫羊、芬兰兰德瑞斯羊，泊列考斯及美利奴羊进行二品种与三品种杂交。结果表明杂种公、母羔羊，日增重分别高于泊列考斯同龄羊的18.6%和4.4%，相对生长速度高12.6%和1.1%，饲料转化率高66.8%和2.3%。因此，在肥羔生产上利用3个或4个品种连续杂交，推行6～10周龄断奶，以求获得最大的杂种优势。

14. 规模化羔羊生产技术措施主要有哪些?

随着科学技术的发展,粗放、原始的经营方式的养羊业已明显落后。羔羊生产将转向大规模、工艺先进的工厂化、专业化生产,广泛采用一系列生产技术措施。

(1)开展经济杂交 实践表明,在肥羔生产中开展经济杂交是增加羔羊肉羊产量的一种有效措施。在相同的饲养管理下,杂种一般都比纯种的经济效益高,它既能提高羔羊的初生重、断奶重及成年羊的体重、成活率、抗病力、生长速度、饲料报酬,又能提高繁殖力与产量等生产性能。所以,在肥羔生产中采用经济杂交,以提高产肉性能、降低饲养成本。例如,内蒙古用德国美利奴公羊与蒙古母羊杂交,杂种一代断奶后放牧加补饲育肥 100 天,公羔活重达 26.5 千克,比本地蒙古羔羊提高 34.62%。新疆用罗姆尼公羊与当地细毛羊杂交,断奶后放牧加补饲育肥 60 天,杂种羔羊的胴体重比当地羔羊提高 15.19%;山东用萨能奶山羊公羊与当地白山羊杂交,杂交公羔采用放牧加补饲的方式育肥,5 月龄体重比本地白山羊提高 42.16%,日增重提高 45.45%,效益十分可观;浙江用莎能奶公羊与本地山羊杂交,再用马头山羊公羊与萨×本杂种交配,其三元杂种羔羊生长速度快、产肉性能及羊肉品质好,同时保持了本地山羊的高繁殖率特性。

(2)早期断奶 早期断奶实质是上控制哺乳期,缩短母羊产羔期间隔和控制繁殖周期,达到一年两胎或两年三胎、多胎多产的一项重要技术措施。羔羊早期断奶是工厂化生产的重要环节,是大幅度提高产品率的基本措施,从而被认为是养羊生产环节一大革新。关于羔羊早期断奶的时间实际当中应结合各自情况灵活确定,一般采用两种方法:其一,出生后 1 周断奶,然后用代乳品进行人工育羔。其二,出生后 7 周左右断奶,断奶后就可以全部饲喂植物性饲料或放牧。早期断奶必须让羔羊吃到初乳后再断奶，否则会影响羔羊的健康和生长发育，但哺乳时间过长，训练羔羊吃代乳品就困难，而且不利于母羊干奶，也易得乳房炎。从母羊产后泌乳规律来看，产后 3 周泌乳达到高峰，然后逐渐下降，到羔羊 7～8 周龄，母乳已远远不能满足其营养需要，而且这时乳汁形成的饲料消耗也大增，经济上很不合算。从羔羊胃肠功能发育来看，7 周龄时，已能像成年羊一样有效地利用牧草，这时断奶较为适宜。

(3)培育或引进早熟、高产肉用羊新品种　早熟、多胎多产是肥羔生产专业化、工厂化的一个重要条件。因此，必须培育适合集约化饲养、整批管理、全年繁殖、计划周转的多胎多产、早熟、生长快的新品种。我们具备培育适合现代集约化肥羔生产的品种资源。绵羊中有适合中原地区和太湖流域湿热农区生态条件的成熟早、生长快、四季发情、多胎多产的小尾寒羊和湖羊；适合牧区条件的体格大、生长发育快、耐粗饲的乌珠穆沁羊和阿勒泰羊等。山羊中有适合我国中部农区和南方草山草坡的成熟早、繁殖力高、全年发情、多胎多产、屠宰率高的马头山羊、宜昌山羊、板角山羊、贵州白山羊、隆林山羊等。同时，已引进了一些世界著名的肉羊品种，如德国美利奴羊、林肯羊、边区莱斯特羊、陶赛特羊、夏洛莱羊、罗姆尼羊、萨福克羊等。把这些宝贵的品种资源充分利用起来，通过杂交或本品种选育，培育出适合国情的肉用绵羊、山羊新品种，使我国肉羊生产再上新台阶。

(4)同期发情　同期发情是现代羔羊生产中一项重要的繁殖技术，对于肥羔专业化、工厂化整批生产是不可缺少的一环。利用激素使母羊发情同期化，可使配种时间集中，有利于羊群抓膘，节约劳动力。最重要的是利于发挥人工授精的优势，扩大优秀种公羊的利用，使羔羊年龄整齐，便于管理。

(5)早期配种　养羊生产者的传统做法是在母羊 10～15 月龄时开始配种。母羊在发育良好的条件下，6～8 月龄早期配种，这样使母羊初配年龄提前数月，从而延长了母羊的妊娠和泌乳期可能使自身的生长发育受阻，其实只要草料充足，营养全价，早期配种不但不会影响自身的发育，而且妊娠后所产生的孕酮还有助于自身的生长发育。

(6)诱发分娩 母羊妊娠末期，一般到140日龄后，用激素诱发提前分娩，使产羔时间集中，有利于大规模批量生产与周转，方便管理。诱发分娩的方法有：傍晚注射糖皮质激素或类固醇激素，12小时后即有70%母羊分娩；或预产前用雌二醇苯甲酸盐、前列腺素等，90%母羊在用药后48小时内产羔。

15. 羔羊育肥前应做好哪些准备工作？

(1)育肥方式的确定 根据肉羊来源、大小和品种类型，制订不同的育肥方案，区别对待，明确要采用的育肥方式。羔羊育肥一般在2月龄以后根据市场需求、价格综合确定，随时可结束育肥。采用强度育肥，结合舍饲条件，提高精料营养水平，达到快速增重的效果，如采取放牧育肥，则成本较低，但需加强管理，适当补饲，并延长育肥期。

(2)准备充足的饲草饲料 能量饲料是决定日粮成本的主要原料消耗，应以就地生产、就地取材为原则，一般先从粗饲料计算能满足日粮的能量程度，不足再适当调整各种饲料比例，达到既能满足需要，又能降低饲料费用的最优配合。日粮中蛋白质不足，首先考虑饼、粕类植物性高蛋白质饲料。育肥的全过程应保证不断料，不轻易变更饲料。

(3)圈舍环境 舍内要有足够的面积，且干燥通风，冬暖夏凉，温度适宜，干净卫生。

(4)做好育肥圈舍消毒 定期清扫消毒，夏季每周2次，冬季每周1次。

(5)驱虫工作 育肥羔羊一般在3月龄左右驱虫。

(6)防疫注射 育肥前按防疫程序的要求注射相应的疫苗，如羊四联苗、羊痘苗、口蹄疫苗等。

(7)药品与器械准备 羔羊育肥前应准备的药品与器械有5%碘酊、2%氢氧化钠、驱虫药、疫苗；去势器械、刷拭工具、耳标、耳标钳等。

16. 怎样确定羔羊育肥的最佳出栏时间？

普通山羊在22千克以上，杂交羔羊在30千克以上时，就可出栏。最佳出栏时间应根据市场需求、市场价格、羊群周转、饲料价格等因素综合分析后做出决定。若市场需要，价格高2月龄后随时可出栏。按母羊产奶规律是分娩后3～8周为产奶高峰期，以后逐步下降，满足不了羔羊生长发育的需要，所以2月龄出栏较合算。按羔羊出生后2～8月龄就能充分利用牧草、饲料，饲养成本逐渐减低的特点，可抓住这一时期的优势，将羔羊饲养到7～8月龄出栏较为合算。按牧草全年供应情况来看，北方进入10月份牧草逐渐干枯，且枯草期较长，普遍存在饲草供应不足，加之冬季羊抵御寒冷营养消耗多，育肥成本上升，所以育肥羔羊在10月份之前出栏最理想。

七、肉羊养殖疾病预防技术

1. 肉羊养殖中疾病预防的重要性是什么?

(1)保证肉羊生产的顺利进行 养羊是城乡群众生活水平不断提高的需要,但随规模化、集约化的快速发展,养殖密度增加,发病率随之升高,疾病种类愈来愈复杂,养羊风险不断加大,肉羊养殖疾病预防意义重大。

(2)保护人体健康 近年来人兽共患病时有发生,有些已威胁到人的健康甚至生命安全,搞好肉羊养殖的疾病预防,不但可以减少肉羊养殖的经济损失,而且可以有效保护人的身体健康。

2. 肉羊疾病主要分哪几类?

根据疾病性质主要分:传染病、寄生虫病、普通病 3 大类。根据疾病流行方式分:地方性疾病、流行性疾病、大流行性疾病 3 大类。根据疾病特点分:群发病、散发病 2 大类。根据疾病地域分:本土疾病、外来疾病 2 大类。

3. 肉羊疾病综合防治措施的主要内容是什么?

肉羊疾病防治必须坚持“以养为主、预防为主、养防结合”,采取加强饲养管理,养好羊,提高羊的自身抗病能力;同时搞好环境卫生、免疫接种、驱虫、预防中毒等综合性防治措施,将饲养管理工作和防疫工作紧密地结合起来，达到养防结合，以取得防病灭病的综合效果。

(1)加强饲养管理，增进羊体健康 合理搭配肉羊日粮，提高饲养水平，饲料种类力求多样化并合理搭配与调制，使其营养丰富全面，饲料和饮水卫生，不喂发霉变质、冰冻及被农药污染的草料，保持羊舍清洁、干燥，注意防寒保暖及防暑降温工作。根据农区、牧区草场的不同情况，以及羊的品种、年龄、性别的差异，分别编群放牧。为了合理利用草场，减少牧草浪费和减少羊群感染寄生虫病的机会，应实行划区轮牧。发情鉴定、配种、产羔和育羔、羊羔断奶和分群等每一生产环节，都应尽量在较短时间内完成，使之不影响正常生产秩序。

(2)搞好环境卫生 羊舍、运动场及用具应保持清洁、干燥，每天清除羊舍、运动场的粪便及污物，将粪便及污物堆积发酵，羊的饲草、饮水应保持清洁、卫生，定期开展杀虫灭鼠工作。

(3)有计划地进行免疫接种 根据当地及周边传染病发生的情况和规律，有针对性地、有组织地搞好疫苗注射防疫，是预防和控制羊传染病的重要措施之一。免疫接种须按合理的免疫程序进行，羊场需用多种疫苗来预防不同的疾病，也需要根据各种疫苗的免疫特性来合理地安排免疫接种的次数和间隔时间，这就是免疫程序。目前国际上还没有一个统一的羊免疫程序，只能在实践中总结经验，制定出适合本场具体情况的免疫程序。

(4)做好消毒工作 定期对羊舍、用具和运动场等进行预防消毒，是消灭外界环境中的病原体、切断传播途径、防制疫病的必要措施。注意将粪便及时清扫、堆积、密封发酵，杀灭粪便中的病原菌和寄生虫或虫卵。

(5)定期驱虫 羊寄生虫病发生较普遍，患羊轻者生长迟缓、消瘦、生产性能严重下降，重者可危及生命。驱虫可在每年的春、秋两季各进行1次，以控制体内、外寄生虫病的发生。

(6)预防毒物中毒 某种物质进入机体，在组织与器官内发生化学或物理化学的作用，引起功能性或器质性的病理变化，甚至造成死亡，此种物质称为毒物，由毒物引起的疾病称为中毒，预防羊毒物中毒最有效的办法就是让羊远离毒源。

4. 羊场卫生管理的主要内容是什么？

养羊的环境卫生与疫病的发生有密切的关系。羊舍、运动场及用具应保持清洁、干燥，每天坚持清扫粪便及污物，并堆积发酵。建立切实可行的消毒制度，定期进行消毒。严格执行从生产到出栏，要经过出入场检疫、收购检疫、运输检疫和屠宰检疫，涉及外贸时，还要进行进出口检疫。引进种羊应从非疫区购入，经当地兽医检疫部门检疫，并签发检疫合格证明书；运抵目的地后，再经所在地兽医检疫部门验证、检疫并隔离观察1个月以上，确认为健康者，驱虫、消毒，没有注射过疫苗的还要补注疫苗，方可混群饲养。羊场应谢绝参观，建立健全动物卫生管理各项制度，使用的饲料和用具，也要从安全地区购入，以防带入疫病。

5. 羊传染病的特点主要有哪些？

第一，每一种传染病都由一种特定的微生物所引起，而且宿主谱宽窄各不相同。例如，猪瘟和炭疽分别是由猪瘟病毒和炭疽杆菌所引起的；猪瘟只能感染猪属动物，而炭疽则几乎能感染所有哺乳动物，包括人类。

第二，具有传染性。病原微生物能通过直接接触（舐、咬、交配等），间接接触（空气、饮水、饲料、土壤、授精精液等），死物媒介（畜舍用具、污染的手术器械等），活体媒介（节肢动物、啮齿动物、飞禽、人类等）从受感染的动物传于健康动物，引起同样疾病。

第三，分别侵害一定的器官、系统甚或全身，表现特有的病理变化和临床症状。

第四，动物受感染后多能产生免疫生物学反应（免疫性和变态反应），可借此采取各种方法来进行传染病的诊断、治疗和预防。

6. 羊场传染病的防控主要原则是什么？

(1)消灭传染源 发生传染病时，应立即采取一系列紧急措施，就地扑灭，以防止疫情扩散。

(2)切断传播途径 禁止人、羊出入和接近，工作人员出入应遵守消毒制度，用具、饲料、粪便彻底清扫消毒。

(3)保护易感动物 有计划地进行免疫接种。

(4)立即向上级部门报告疫情 将病羊和健康羊隔离，经过20天以上的观察不发病，才能与健康羊合群。

(5)其他 病羊尸体要严格处理。

7. 羊场寄生虫病的防控原则是什么？

(1)预防性驱虫 根据寄生虫病近3年周边的流行情况及本场寄生虫病发生现状，选择驱虫药物。如阿苯达唑具有高效、低毒、广谱的优点，对羊常见的胃肠道线虫、肺线虫和绦虫均有效，可同时驱除混合感染的多种寄生虫，是较理想的驱虫药物。目前使用较普遍的阿维菌素、伊维菌素对体内和体外寄生虫均可驱除。使用驱虫药时，要求剂量准确，驱虫过程中发现病羊，应进行对症治疗，及时解救出现毒、副作用的羊。

(2)加强对羊群饲养管理 防止寄生虫病的发生，注意草料卫生，饮水清洁，避免在低洼或有死水的牧地放牧，同时结合改善草场排水，用化学及生物学方法消灭中间宿主，多数寄生虫卵随粪便排出，故对粪便要发酵处理。

8. 羊场普通病及中毒病的防控原则是什么？

(1)预防措施 不喂含有毒植物的叶茎、果实、种子；不在生长有毒植物的区域内放牧，或实行轮作，铲除毒草。不饲喂霉变饲料，饲料喂前要仔细检查，注意饲料的调制、搭配和贮藏。有些饲料本身含有有毒物质，饲喂时必须加以调制。如棉籽毒经高温处理后大幅度减少，可按一定比例同其他饲料混合搭配饲喂，就不会发生中毒。对其他有毒药品如灭鼠药、农药或化肥等的保管及使用也必须严格，以免羊接触发生中毒。

(2)中毒急救 羊发生中毒时，要查明原因，及时进行紧急救治。一般原则如下：有毒物质如经口摄入，初期可用胃管洗胃，用温水反复冲洗，以排出胃内容物。在洗胃水中加入适量的活性炭，可提高洗胃效果；中毒发生时间较长，应灌服泻剂、颈静脉放血，随即静脉输入5%葡萄糖氯化钠注射液或复方氯化钠注射液，大多数毒物可经肾脏排泄，所以利尿对排毒有一定效果。

9. 消毒分为哪几类？

(1)预防性消毒 也叫日常消毒，是根据生产的需要采用各种消毒方法在生产区和羊群中进行消毒。主要包括定期对栏舍、道路、羊群的消毒，定期向消毒池内投放消毒药等；人员、车辆等出入栏舍、生产区的消毒等；饲料、饮水乃至空气的消毒；医疗器械如体温计、注射剂等的消毒。

(2)随时消毒 也叫及时消毒，羊群中个别羊发生一般性疾病或突然死亡时，立即对其所在栏舍进行局部强化消毒，包括对发病或死亡羊的消毒及无害化处理。

(3)终末消毒 也叫大消毒，采用多种消毒方法对全场进行全方位的彻底清理与消毒，主要用于“全进全出”系统中空栏后或者当烈性传染病流行初期以及疫病平息后准备解除封锁前进行的大消毒。

10. 常用的几种消毒方法是什么？

(1)物理消毒 主要包括机械清扫刷洗、高压水冲洗、通风换气、高温高热（灼烧、煮沸、烘烤、焚烧等）和干燥、光照（日光、紫外线照射等）。

(2)化学消毒 主要采用化学消毒剂杀灭病原，是消毒常用方法之一。使用化学消毒剂时应考虑病原体对消毒剂的抵抗力，消毒剂的杀菌谱、有效浓度、作用时间、消毒对象及环境温度等。

(3)生物学消毒 对生产中产生的大量粪便、污水、垃圾及杂草等利用生物发酵热能杀灭病原体，有条件的可将固体、液体分开，固体为高效有机肥，液体用于渔业养殖，同时在羊场内适度种植花草树木，减少扬尘并美化环境。

11. 羊场消毒设施和设备主要有哪些？

消毒设施主要包括生产区大门的大型消毒池、羊舍出入口的小型消毒池、人员进入生产区的更衣消毒室及消毒通道、消毒处理病死羊的尸体坑、粪污发酵场、发酵池等。常用消毒设备有喷雾器、高压清洗机、高压灭菌容器、煮沸消毒器、火焰消毒器等。

12. 羊场日常消毒的内容是什么？

(1)羊舍、饲槽、用具消毒 一般分两个步骤进行：第一步先进行机械清扫，高压水冲洗；第二步用消毒液消毒。消毒液的用量，以羊舍内每平方米用1升药液计算，消毒药可选用10%～20%石灰乳、2%～5%氢氧化钠、百毒杀、84消毒液和2%～10%漂白粉混悬液等。消毒方法是将消毒液盛于喷雾器内，先喷洒地面，然后喷墙壁，再喷天花板，最后再打开门、窗通风，用清水刷洗将饲槽、用具等上面的消毒药味冲洗掉。在一般情况下，每年可进行2次（春、秋各1次）。产房的消毒，在产羔前应进行1次，产羔高峰时进行多次，产羔结束后再进行1次。在病羊舍、隔离舍的出入口处应放置浸有消毒液的麻袋片或草垫；消毒液可用2%～5%氢氧化钠（对病毒性疾病）或10%克辽林溶液。

（2）地面消毒 运动场地面可用10%～20%石灰乳，或2%～5%氢氧化钠，或10%漂白粉混悬液喷洒清毒。羊场周围地面消毒可用2%～5%氢氧化钠溶液，停放过芽孢杆菌所致传染病（如炭疽）病羊尸体的场所，更应严格加以消毒，首先用上述药液喷洒地面，然后将表层土壤掘起30厘米左右，撒上干漂白粉，并与土混合，将此表土妥善运出掩埋。如果放牧地区被某种病原体污染，一般利用自然因素（如阳光）来消除病原微生物，如果污染的面积不大，则应使用化学消毒药消毒。

（3）人员消毒 工作人员进入羊舍应穿着工作服、鞋帽，饲养员不能串舍，一切人员和车辆进出羊场，必须踩踏消毒或从消毒池通过。有条件的可用紫外线消毒5～10分钟，方可进入。

（4）粪便消毒 羊的粪便消毒方法有多种，最实用的方法是生物消毒法，即在距羊场100～200米以外的地方设一堆粪场，将羊粪堆积起来，上面覆盖10厘米厚的沙土，堆放发酵30天左右，即可用作肥料。

（5）污水消毒 常用的方法是将污水引入污水处理池，加入化学药品（如漂白粉或生石灰）进行消毒。消毒药的用量视污水量而定，一般1升污水用2～5克漂白粉。

(6)其他 禁止猫、犬、鸡等进入羊舍，不准将生肉带入羊场，不能在生产区宰杀病羊或其他动物，定期灭鼠。

13. 羊免疫接种的方法是什么？

免疫接种是通过接种疫（菌）苗、类毒素等生物制品使羊产生自动免疫的一种手段，也是预防和控制羊传染病的重要措施之一。由于生物制品种类不同，免疫接种的方法可采用皮下、皮内、肌内注射或饮水等。

免疫接种又分为预防接种和紧急接种。预防接种是为了防止某种传染病的发生，有计划地给健康羊群进行的免疫接种。紧急接种是为了迅速扑灭某种疫病的流行而对尚未发病的羊群进行临时性免疫接种。一般用于疫区周围的受威胁区，有些产生免疫力快、安全性能好的疫苗也可用于疫区内受传染病威胁而未发病的健康羊，但不能给处于潜伏期的已感染羊接种。已感染羊接种疫苗后不但不能获得保护，反而发病更快。

14. 制定肉羊免疫程序的原则是什么？

为了最大限度减少疫病的发生，保证肉羊健壮生长，应结合各自的实际，根据生产需要，产生免疫力的时间和疫苗使用说明等综合因素制定肉羊免疫程序。表 7-1 肉羊免疫程序仅供参考。

表 7-1 肉羊免疫程序

季节	序号	免疫时间	疫苗名称	预防疫病	免疫对象及方法	免疫期
春季	1	妊娠母羊产前30日	破伤风类毒素	破伤风	颈部中1/3处皮下注射0.5毫升，1个月后产生免疫力	1年
	2	妊娠母羊分娩前20～30日	羔羊痢疾菌苗	羔羊痢疾	皮下注射2毫升，隔10天再皮下注射3毫升，10天后产生免疫力	经乳汁被动免疫
	3	每年2月底3月初	羊三联菌苗	羊快疫羊肠毒血症羊猝殂	成年羊和羔羊一律皮下或肌内注射5毫升，注射后14日产生免疫力	6个月
	4	每年3月中旬	羊痘鸡胚化弱毒疫苗	山羊痘	冻干苗生理盐水稀释25倍，无论大小一律皮下注射0.5毫升，6天后产生免疫力	1年
	5	每年3月份	传染性胸膜肺炎氢氧化铝活苗	山羊传染性胸膜肺炎	6月龄以下每只肌注3毫升，6月龄以上每只肌注5毫升	1年
	6	每年3月份	口疮弱毒细胞冻干苗	山羊口疮病	大小羊一律口腔黏膜内注射0.2毫升	6个月
	7	每年3月份	羊链球菌氢氧化铝菌苗	羊链球菌病	背部皮下注射：6月龄以下每只3毫升，6月龄以上每只5毫升	6个月

续表 7-1

季节	序号	免疫时间	疫苗名称	预防疫病	免疫对象及方法	免疫期
秋季	1	每年9月上旬	布鲁氏菌猪型2号弱毒菌苗	布鲁氏菌病	羊臀部肌内注射1毫升(含菌50亿个),饮水200亿个,2天内分两次。种用羊不免疫	1年
	2	每年9月中旬	Ⅱ号炭疽菌苗	炭疽	无论大小皮内注射1毫升,14天后产生免疫力	1年
	3	每年9月下旬	羊三联菌苗		成年羊和羔羊皮下或肌内注射5毫升,14天产生免疫力	6个月
	4	每年9月份	羊黑疫菌苗	羊黑疫	6月龄以下皮下注射1毫升,6月龄以上皮下注射3毫升	1年
	5	每年9月份	口疮弱毒细胞冻干苗	山羊口疮病	大小羊一律口腔黏膜内注射0.2毫升	6个月
	6	春或秋依妊娠期确定免疫时间	羊流产衣原体油佐剂卵黄灭活苗	羊衣原体性流产	羊妊娠前或妊娠后1个月内每只皮下注射3毫升	1年
	7	每年9月份	羊链球菌氢氧化铝菌苗	羊链球菌病	背部皮下注射:6月龄以下每只3毫升,6月龄以上每只5毫升	6个月

15. 羊免疫操作的内容及注意事项有哪几个方面?

(1)疫(菌)苗保存 检查灭活苗、类毒素、血清等是否按规定保存在低温、干燥、阴暗处,温度应保持在2℃～8℃之间,防止冻结、高温和阳光直射。羊链球菌氢氧化铝灭活苗、羊肺炎支原体氢氧化铝灭活苗和山羊传染性胸膜炎氢氧化铝灭活苗等保存的最适宜温度是2℃～4℃,温度太高会影响保存期,冻结可破坏氢氧化铝的胶性以致失去免疫活性。弱毒苗（若山羊痘细胞化弱毒毒苗）在－15℃或更低的温度条件下保存，各种超过保存期的制品不得使用。

(2)使用前要逐瓶检查 凡瓶体有破损、瓶盖松动、没有标签或标签不清、过期失效、制品的色泽形状与说明书内容不符、没有按规定方法保存都不能使用。

(3)接种前必须检查羊只的健康状况 凡身体瘦弱、体温升高的羊，妊娠或分娩不久的母羊，3月龄以下的羔羊、患病羊或传染病流行时，一般都不宜进行接种。

(4)接种时，注射器械和针头必须经过严格消毒 吸取疫(菌)苗的针头必须是每只羊1个，以避免将带菌(毒)羊的病原体传给健康羊。疫(菌)苗的用法和用量以说明书为准，用前充分摇匀，开封后当天用完。

(5)加强管理 接种弱毒活菌苗前后1周，羊群应停止使用对菌苗敏感的抗菌药物。各种疫(菌)苗接种前后，应加强羊群的饲养管理，注意青绿饲料的供给，以缓解应激反应。

(6)严格消毒 接种用具，包括疫(菌)苗稀释过程中使用的非金属器皿，在使用前必须清洗、消毒。接种结束后，应及时将所有的器皿及剩余的疫苗经煮沸消毒，然后清洗，以防散毒。

(7)注意观察免疫接种后羊的表现 羊在免疫接种后，可能出现短时间的体温和食欲变化，如果出现体温明显升高、食欲不振、精神委靡或表现出某种传染病的症状时，必须立即隔离治疗。

16. 羊群免疫接种失败的主要原因有哪几个方面？

(1)接种疫苗不及时 有人认为，自己的羊群曾接种过1次疫苗，不会发生疫病。事实上，不同疫苗的免疫期并不相同，应根据每种疫苗的免疫有效期，做好下次接种准备。

(2)接种方法不当 如果不注意阅读疫苗接种说明书，将要求皮下接种的疫苗改为肌内注射，或者同时接种多种疫苗，或者接种过期疫苗，可造成免疫失败或诱发疫病。其原因是：应注射在皮内的疫苗需要缓慢吸收，刺激机体产生抗体，如果注射在肌肉内，会被机体很快吸收，造成严重应激反应，而不能产生相应的抗体；同时接种多种疫苗也可造成严重应激反应，使免疫失败；过期疫苗不仅完全丧失抗原功效，接种后不能刺激羊只产生抗体，反而会因疫苗本身变质而引起局部组织化脓、坏死。

(3)疫苗保存不当 由于缺乏保管疫苗的常识或缺少低温保存条件，将疫苗置于常温下，或在运输过程中没有降温防晒装置，造成疫苗失效。

(4)随意增减疫苗用量 过量使用疫苗可引发羊严重的应激反应，用量不足起不到疫苗的保护效果。

(5)没有给免疫羊进行健康检查 接种疫苗可引起羊应激反应，患病羊、弱羊这种应激反应更强烈，因此应在恢复健康后再进行免疫接种。

17. 羊病检查的内容是什么？

(1)群体检查

①静态 当羊群在舍内或放牧休息时检疫人员注意观察羊群站立和卧下姿势等。羊的合群性好，健康羊常于饱食后合群卧地休息，同时缓慢反刍；呼吸平稳，无异常声音；被毛整洁，口及肛门周围干净，有人接近时立即站起走开。病羊耳耷头低，独卧一隅，倦怠；被毛粗乱、脱落，皮肤瘙痒，骨骼显露；呼吸急促，鼻镜干燥，流涕，流涎；肛门周围污秽不洁；有人接近时不起不走。

②动态 当羊群在装卸、赶运及其他运动过程中，检查人员注

意检查羊群的步态等。健康羊精神活泼，走路平稳，合群不掉队；排粪姿势正常，粪便呈小球状。病羊精神沉郁或兴奋不安，步态踉跄，跛行或后躯僵硬，离群掉队；腹泻，粪便恶臭。

③饮食状态　健康羊食欲旺盛，放牧时动作轻快；见青草就互相争食，食后肷部鼓起，有水时迅速抢水喝。病羊食欲不振或废绝，放牧吃草时落在后面，吃吃停停或不食呆立，反刍停止，食后肷部仍下凹；饮欲较差或不喝水。

(2)个体检查　将群体检查出的病羊或疑似病羊，逐头分系统进行检查，在体温、呼吸、心跳检测的基础上，进一步检查体表淋巴结、口腔黏膜、眼结膜、皮肤和被毛等。主要检疫对象是口蹄疫、炭疽、蓝舌病、羊痘、布鲁氏菌病、羊疥癣等。

18. 健康羊与病羊的主要区别是什么?

在养羊实际当中，羊发病后的症状比较复杂，下面将健康羊和病羊在各方面的不同表现及区别归纳成表 7-2 仅供参考。

表 7-2　健康羊和病羊的主要区别

项　目	健康羊和病羊的主要区别
采食和放牧	健康羊的食欲旺盛，吃草欢快。病羊食欲不好，几乎停止吃草
神　态	健康羊的精神饱满，行动敏捷，两眼有神。病羊的精神迟钝，喜躺卧、垂头、流泪、羞明
被毛	健康羊的被毛光亮，皮肤有弹性。病羊的被毛粗乱，皮肤干燥，弹性消失
粪　便	健康羊的粪便呈椭圆形、较软，颜色黑亮。病羊的粪便干结无光泽，或者粪稀，常混有黏液、脓疱、虫卵、发臭，粪便沾污臀区和尾部等
眼、鼻、口	健康羊的黏膜为淡红色，鼻孔周围干净。病羊的黏膜或者潮红，或者苍白，或者发黄，或者发绀，鼻孔周围有鼻液，口鼻发臭，眼有眼眵

续表 7-2

项　目	健康羊和病羊的主要区别
反　刍	健康羊每分钟反刍 2～4 次，用手掌按压左侧膁部进行触诊，健康羊的瘤胃发软而有弹性。病羊的反刍次数减少或停止，瘤胃发硬或臌胀
体　温	健康羊的体温为 38℃～40℃。可用体温计插入肛门进行测定。如果没有体温计，可用手触摸羊的耳朵、躯干或后肢的内侧，通过皮肤的温度来检查养只是否发热
脉搏和心跳	健康羊的脉搏为每分钟 70～80 次，跳动均匀，心音清晰，听诊心音部位在胸侧壁(肘后方)前数第三至第六肋骨之间。切脉按摩后肢内侧股动脉较准确、方便
肺　脏	健康羊每分钟呼吸 18～24 次。用耳朵贴在羊的胸部，可听到“呋呋”的正常呼吸声，如果听到“呋噜呋噜”声或捻发音则表明呼吸系统有病

19. 羊常用消毒药物及使用方法是什么？

(1)生石灰　加水配成 10%～20%石灰乳，适用于消毒口蹄疫、传染性胸膜炎、羔羊腹泻等病原污染的圈舍、地面及用具。干石灰可撒布地面消毒。

(2)火碱(氢氧化钠)　有强烈的腐蚀性，能杀死细菌、病毒和芽孢。其 1%～5%水溶液可消毒羊舍和槽具等，并适用于门前消毒池。

(3)来苏儿　杀菌力强，但对芽孢无效，3%～5%的溶液可供羊舍、用具和排泄的消毒，1%～2%的溶液用于手术器械及洗手消毒，0.5%～1%的浓度内服 200 毫升治疗羊胃肠炎。

(4)新洁尔灭　为表面活性消毒剂，对许多细菌和霉菌杀伤力强。0.01%～0.05%的溶液用于黏膜和创伤的冲洗；0.1%的溶液用于皮肤、手指和术部消毒。

(5)福尔马林　为甲醛的水溶液，含量为35%～40%，外观无色透明，具有腐蚀性，挥发性很强，开瓶后一下子就会散发出强烈的刺鼻气味。在平常的情况下是气体状态，具有防腐、消毒和漂白的功能，用来消毒饲槽、场地、饮水等。

(6)漂白粉　漂白粉的主要成分是次氯酸钙和氯化钙，作为杀菌消毒剂，价格低廉、杀菌力强、消毒效果好，用于饮水、饲槽、场地及物品等的杀菌消毒。

20. 预防肉羊主要传染病的疫(菌)苗有哪几种?

预防肉羊传染病的疫(菌)苗比较多，主要的几种疫(菌)苗的用法与用量可归纳成表7-3，仅供参考。

表7-3　几种主要疫(菌)苗的用法与用量

疫(菌)苗名称	预防疫病	使用方法与剂量	免疫期
无毒炭疽芽孢苗	羊炭疽	绵羊皮下注射0.5毫升，注射后14天产生坚强免疫力，山羊不能用	1年
布鲁氏菌苗	羊布鲁氏菌病	山、绵羊臀部肌内注射0.5毫升(含菌50亿个)，饮水每只羊200亿个，分2次饮服	绵羊1.5年，山羊1年
破伤风明矾类毒素	羊破伤风	绵、山羊皮下注射0.5毫升。1年1次，受伤时，再用相同剂量注射1次，注射后1个月产生免疫力	1年，第二年再注射1次，免疫力4年

续表 7-3

疫(菌)苗名称	预防疫病	使用方法与剂量	免疫期
破伤风抗毒素	羊破伤风	皮下或静脉注射,治疗可重复注射1至数次。预防剂量,1万~2万单位;治疗剂量,2万~5万单位	2~3周
羊三联苗	羊快疫、猝狙、肠毒血症	成年羊和羔羊皮下或肌内注射5毫升,注射后14天产生免疫力	1年
羔羊痢疾苗	羔羊痢疾	妊娠母羊分娩前20~30天第一次皮下注射2毫升;第二次于分娩后10~20天皮下注射3毫升。第二次注射后10天产生免疫力	母羊5个月。经乳汁使羔羊获得母源抗体
羊五联苗	羊快疫、羔羊痢疾、猝狙、肠毒血症和黑疫	羊无论年龄大小均皮下或肌内注射5毫升,注射后14天产生可靠免疫力	6个月
山羊传染性胸膜肺炎氢氧化铝苗	山羊传染性胸膜肺炎	皮下注射,6个月以下的山羊3毫升,6个月以上的山羊5毫升,注射14天产生免疫力	1年
羊肺炎支原体氢氧化铝苗	绵、山羊支原体引起的传染性胸膜肺炎	颈侧皮下注射,成年羊3毫升,0.5岁以下幼羊2毫升	1.5年以上
羊痘鸡胚化弱毒苗	绵、山羊痘	冻干苗用生理盐水25倍稀释,振荡均匀;无论羊大小,一律皮下注射0.5毫升,注射后6天产生免疫力	1年

续表 7-3

疫(菌)苗名称	预防疫病	使用方法与剂量	免疫期
AO 型鼠化弱毒口蹄疫苗	口蹄疫	4～12 月龄绵、山羊肌内注射或皮下注射 0.5 毫升，12 月龄注射 1 毫升，14 天后产生免疫力	4～6 个月

21. 肉羊常见传染病的防治方法是什么？

下面将几种常见传染病的症状、预防、治疗方法归纳成表 7-4，仅供参考。

表 7-4　几种传染病的症状、预防、治疗方法归纳表

名　称	病　原	症　状	预　防	治　疗
羔羊痢疾		本病是初生羔羊的一种急性毒血症，以剧烈腹泻和小肠发生溃疡为特征，主要危害 7 日龄以内的羔羊，常致羔羊大批死亡，在羔羊体弱，哺乳饥饱不均，气候寒冷，特别是大风雨后，羔羊受冻时，易感染此病。传播途径主要是消化道，或通过脐带创伤传播	(1)加强母羊饲养管理。(2)羔羊出生后，应合理哺乳，避免饥饱不均。(3)预防接种。(4)加强脐带消毒和圈舍消毒卫生。(5)羔羊出生后 12 小时内，灌服土霉素 0.15～0.2 克，每日 1 次，连灌 3 天	(1)0.2～0.3 克土霉素，胃蛋白酶 0.2～0.3 克，每日 2 次；(2)磺胺脒 0.5 克，鞣酸蛋白 0.2 克，次硝酸铋 0.2 克，小苏打 0.2 克，加水混合一次灌服，每天 3 次。(3)脱水的每天补液 1～2 次，口服补液盐或静脉注射 5% 糖盐水 20～100 毫升

续表 7-4

名 称	病 原	症 状	预 防	治 疗
巴氏杆菌病	多杀性巴氏杆菌	以败血症和炎性出血过程为特征的传染病。当寒、闷热、潮湿、多雨、气候剧变、圈舍通风不良、营养缺乏、饲料突变时易发生，病羊排泄物、分泌物经消化道、呼吸道、皮肤、黏膜的伤口进行传播，本病多发生于幼龄羊和羔羊	(1)加强饲养管理，防止受冻受热，过度劳累等。(2)搞好环境消毒和预防工作。(3)已经发病，查明诱因，病羊立即隔离，圈舍、用具用10%石灰乳或3%来苏儿或5%漂白粉消毒	(1)青霉素80万单位、链霉素100万单位混合一次肌内注射，每天2次，连用3天。(2)严重病例，用四环素或磺胺噻唑钠等配合5%或10%葡萄糖注射液静脉注射，症状缓和后，改用他药
布鲁氏菌病	布鲁氏菌	以流产为特征的人兽共患慢性、接触性传染病。主要通过消化道感染；其次是生殖道和皮肤、黏膜。母羊较公羊易感，性成熟后极为敏感。产羔季节多见。流产多发生在妊娠3～4个月，伴有乳房炎、支气管炎、关节炎及滑液囊炎引起跛行，公羊睾丸炎	(1)坚持自繁自养，引进种羊，隔离饲养2个月，严格检疫。(2)发现流产病羊，紧急隔离，流产胎儿、胎衣及圈舍彻底消毒。(3)定期进行布鲁氏菌病疫苗接种	该病无特效治疗药物。有种用价值者可用中药益母草30克，黄芩20克，川芎、当归、熟地黄、白术、金银花、连翘、白芍各15克，共研末，一次内服。产后子宫内膜炎用0.1%高锰酸钾溶液冲洗阴道和子宫

续表 7-4

名 称	病 原	症 状	预 防	治 疗
羊传染性脓疮（羊口疮）	病毒	以口唇等处皮肤和黏膜形成丘疹、脓疮、溃疡和结成疣状厚痂为特征。通过病羊、带毒羊或病羊用过的厩舍、牧场由皮肤或黏膜擦伤传播。羔羊、幼羊发病多，常群发性流行，在羊群中可连续危害多年	(1)定期进行疫苗接种。(2)严防创伤感染。(3)发病后对全群羊多次彻底检查，病羊隔离治疗，用2%氢氧化钠溶液，或10%石灰乳，或20%热草木灰水等彻底消毒用具和羊舍	0.1%～0.2%高锰酸钾冲洗，再涂2%龙胆紫、碘甘油、5%土霉素软膏或青霉素呋喃西林软膏（即青霉素软膏中再加0.5%呋喃西林），每天1～2次。重者对症治疗
羊肠毒血症（软肾病）	D型魏氏梭菌	急性毒血症，死后肾脏易于软化，多发于膘情较好、两岁以下的幼羊，春末夏初、秋末冬初比较多见，山羊较少感染。常因吃了过量幼嫩青草、青绿饲料或精料食量过多，运动不足而诱发	(1)防止羊过食青嫩牧草及多汁饲料，安排羊适当运动。(2)羊群中出现本病时，立即搬圈，转移到高燥地方放牧。(3)注射羊三联菌苗，发病羊群亦可用上述菌苗进行紧急接种。(4)在发病季节喂给呋喃西林、土霉素、磺胺类药物进行预防	(1)氯霉素肌内注射，每次0.5～0.7克，每日3次。(2)青霉素80万单位，链霉素500毫克混合一次肌注，每隔6小时1次，连续注射3～4次。(3)病程较长的羊用免疫血清或口服磺胺脒等

续表 7-4

名称	病原	症状	预防	治疗
羊黑疫（传染性坏死性肝炎）	B型诺维氏梭菌	以肝实质坏死为特征的羊的一种急性高度致死性毒血症。2～4岁膘度好的肥胖羊易感，多发于春夏肝片吸虫流行的低洼潮湿地区。与肝片吸虫感染密切相关。死后皮下静脉显著瘀血，羊皮呈暗黑色外观，故名“黑疫”	（1）首先应防治肝片吸虫的感染，认真做好驱虫工作。（2）在流行地区每年接种2次羊三联苗	病程稍缓的羊只，肌内注射青霉素80万～160万单位，每日2次，连用3日；或者发病早期静脉或肌内注射抗诺维氏梭菌血清50～80毫升，必要时重复用药1次
羊痘	由痘病毒引起	危害最为严重的一种的热性接触性传染病。病羊皮肤和黏膜上发生特异的痘疹。先个别羊发病，后蔓延全群。主要通过呼吸道感染或损伤的皮肤黏膜侵入，多在冬末春初流行，严寒、雨雪、霜冻、枯草和饲管不良都可促使发病	（1）平时加强饲养，抓好膘情，冬、春季适当补饲，注意防寒过冬。（2）每年定期预防注射羊痘鸡胚化弱毒疫苗（山羊痘）。（3）对发病羊隔离，未发病羊紧急注射疫苗，病死羊尸体深埋，防止扩散病毒	治疗：大羊用鱼腥草注射液10毫升，地塞米松注射液5毫克；小羊用鱼腥草注射液5毫升，地塞米松注射液2毫克；混合一次肌内注射，每日2次，连用3日

续表 7-4

名称	病原	症状	预防	治疗
传染性角膜结膜炎（红眼病）	嗜血杆菌、结膜炎立克次体等	侵害反刍动物的急性传染病。特征为眼结膜和角膜发生明显的炎症变化，伴有大量流泪，其后发生角膜混浊或呈乳白色。无性别、年龄差别，但幼龄动物发病较多。常发生于温度高、蚊蝇多的夏、秋季。本病传播迅速，多呈地方性流行。病初一侧眼感染，后为双眼感染，一般无全身症状。多数病畜可自然康复，少数招致角膜云翳、角膜白斑和失明	发现病羊立即隔离，在发病季节注意做好防止和扑灭蚊蝇工作，同时要注意早期及时治疗	(1)用2%～5%硼酸水或0.01%呋喃西林冲洗患部，拭干后再用3%～5%弱蛋白银溶液滴入结膜囊，每天2～3次。(2)红霉素、氯霉素或四环素眼膏点眼。(3)滴青霉素溶液（每毫升含5000单位）或2%可的松眼软膏可加速治愈。(4)出现白内障的羊眼睛点拨云散

续表 7-4

名 称	病 原	症 状	预 防	治 疗
羊炭疽	炭疽杆菌	人兽共患急性、热性、败血性传染病。各种家畜及人易感，羊的易感性高，多为急性，突然发病，患羊昏迷，眩晕，结膜发绀和天然孔出血不易凝固，数分钟即可死亡。病羊是传染源。濒死病羊体内及其排泄物中常有大量菌体，炭疽杆菌形成芽孢并污染土壤、水源、牧地，经消化道、呼吸道、昆虫叮咬而感染，多发于夏季，散发或地方性流行	(1)预防接种。常发及受威胁地区的易感羊，每年均应用羊Ⅱ号炭疽芽孢苗皮下注射 1 毫升。(2)有炭疽病例发生时应及时隔离病羊。对污染的羊舍、用具及地面要彻底消毒，可用10%烧碱水或 2%漂白粉连续消毒 3 次，间隔 1 小时，羊群除去病羊后，全群用抗菌药 3 天	(1)病羊必须在严格隔离条件下进行治疗，病羊可采用特异血清疗法结合药物治疗。病羊皮下或静脉注射抗炭疽血清 30～60 毫升，必要时于 12 小时后再注射 1 次。(2)炭疽杆菌对青霉素、土霉素敏感，剂量按每千克体重 1.5 万单位，每 8 小时肌内注射 1 次

续表 7-4

名 称	病 原	症 状	预 防	治 疗
山羊伪结核病	伪结核棒状杆菌	接触性、慢性传染病。该病在羔羊中少见，随年龄增长，发病增多。感染初期，局部发生炎症，淋巴结慢慢增大和化脓，牙膏样、干酪样坏死。病羊一般没有明显症状，屠宰时才被发现，如体内淋巴结和内脏受害，羊逐渐消瘦，衰弱，呼吸加快，时有咳嗽，最后陷于恶病质而死亡	（1）平时须做好皮肤和环境的清洁卫生工作，皮肤破伤应注意及时处理。（2）发现病羊应及时隔离治疗	（1）早期 0.5%黄色素 10 毫升静脉注射有效，与青霉素并用可提高疗效。（2）脓肿按外科处理，在脓熟透皮未破之前，用刀切开，将脓排除，用浓碘酊消毒，创口内塞入浸有碘酊的纱布条，脓汁清理深埋，地面百毒杀消毒
蓝舌病	病毒	以发热、白细胞减少，口鼻和胃肠黏膜的溃疡性炎症为特征，库蠓是主要传播媒介，多发生于夏、秋。病毒可通过胎盘和精液传播。发热达 42℃，厌食、委顿、口流涎、舌呈蓝紫，几天后口舌黏膜糜烂、喉部水肿咳嗽，呼吸困难，发生蹄叶炎、跛行、便秘或腹泻、下痢带血，发病率 30%～40%	（1）严格检疫，严禁从有此病的国家和地区购羊。（2）夏季不在低湿草地放牧过夜，定期药浴防蠓叮咬，排水消灭库蠓。（3）国外有弱毒苗和灭活苗预防本病	（1）对病羊精心护理，避免烈日暴晒、注意营养。（2）用 0.1%～0.2%高锰酸钾水清洗患病。（3）对症治疗，可用磺胺药或抗生素预防继发感染

续表 7-4

名 称	病 原	症 状	预 防	治 疗
皮肤真菌病（俗称脱毛癣、钱癣）	皮肤真菌	发生在颈、肩、胸、背部和肛门上侧。病初有豌豆大小结节，后成界限明显并被覆有灰白色或黄色鳞屑的癣斑，大小不一，由银圆大至手掌大，痂皮增厚，被毛易折断或脱落。病程持久，影响健康和美观	(1)保持皮肤清洁卫生，检查体表有无癣斑和鳞屑，及时洗刷被毛、发现病畜及时隔离。(2)对病羊污染的畜舍、饲槽、用具，可用 10%甲醛、1%过氧乙酸、5%～10%漂白粉混悬液消毒	患病区剪毛、温肥皂水洗涤，除去软化的痂皮，在患部涂擦 5%碘酊、10%水杨酸软膏，制霉菌素软膏、5%硫磺软膏、灰霉素、达克宁霜，每日涂擦 1 次，至痊愈
小反刍兽疫	麻疹病毒	潜伏期 4～5 天，最长 21 天，急性型体温可上升至 41℃，并持续 3～5 天。烦躁不安，背毛无光，口鼻干燥，食欲减退。流黏鼻，呼出恶臭气体，口腔黏膜充血，颊黏膜损害，多涎，出现坏死性病灶，坏死病灶波及齿垫、腭、颊部及其乳头、舌头等处。后期带血水样腹泻，脱水，消瘦，体温下降，咳嗽，呼吸异常，发病率 100%，严重暴发死亡率为 100%，发病率和死亡率高	严禁从存在本病的国家或地区引进羊，在发生本病的地区，可根据小反刍兽疫病毒与牛瘟病毒抗原相关原理，用牛瘟组织培养苗进行免疫接种	豆素＋头孢＋羊疫清（治疗效果好）、羊肽乐（预防效果彻底）。先用生理盐水将刀豆素和头孢稀释后混合注射，观察 20 分钟后在注射羊疫清或羊肽乐（20 毫升用于治疗 100 千克体重，预防可以用到 200 千克体重）。一般注射 2 次即可，如果病情严重最多 3 次，治疗羊小反刍兽疫效果好

22. 肉羊几种常见普通病的防治方法是什么？

肉羊几种常见普通病的防治方法归纳成表 7-5，仅供参考。

表 7-5　几种普通病的症状、预防、治疗方法归纳表

名　称	症　状	防　治
口炎	是口腔黏膜表层和深层组织的炎症。采食尖锐的植物枝杈、秸秆，误饮氨水，舔食强酸、强碱等引起或继发于羊患口疮、口蹄疫、羊痘、霉菌性口炎、过敏反应和羔羊营养不良时	(1)加强管理，防止因口腔受伤而发生原发性口炎。(2)对传染病合并口腔炎症者，宜隔离消毒。(3)轻度口炎。可用 0.1%雷佛奴尔液或 0.1%高锰酸钾液冲洗；亦可用 20%盐水冲洗；发生糜烂及渗出时，用 2%明矾液冲洗；有溃疡时，用 1∶9 碘甘油或用蜂蜜涂擦。(4)全身反应明显时，用青霉素 40 万～80 万单位，链霉素 100 万单位，一次肌内注射，连用 3～5 日；亦可服用磺胺类药物。(5)中药疗法：可口衔冰硼散、青黛散，每日 1 次。为杜绝口腔炎的发生，宜用 2%碱水刷洗消毒饲槽，饲喂青嫩和柔软的青干草

续表 7-5

名　称	症　状	防　治
瘤胃积食	瘤胃充满多量饲料，超过正常容积，胃体积增大，胃壁扩张，食糜滞留，严重消化不良。该病临床特征为反刍、嗳气停止，瘤胃坚实，疝痛，瘤胃蠕动极弱或消失。常见羊吃了过多的质量不良、粗硬易膨胀的谷物饲料、块根类、豆饼、霉败饲料等，或采食干料而饮水不足等。当过食谷物引起瘤胃积食发生酸中毒和胃炎时，精神极度沉郁，瘤胃松软积液，手冲击有拍水感，病羊喜卧，腹部紧张度降低，有的视觉扰乱，盲目运动	(1)消导下泻，石蜡油 100 毫升、人工盐 50 克或硫酸镁 50 克、芳香氨醑 10 毫升，加水 500 毫升，一次灌服。(2)解除酸中毒，用 5%碳酸氢钠 100 毫升灌入输液瓶，另加 5%葡萄糖 200 毫升。静脉一次注射；或用 11.2%乳酸钠 30 毫升，静脉注射，可用 2%石灰水洗胃。(3)心脏衰弱时，可用 10%樟脑磺酸钠 4 毫升，静脉或肌内注射。呼吸系统和血液循环系统衰竭时，可用尼可刹米注射液 2 毫升，肌内注射。(4)也可试用中药大承气汤：大黄 12 克、芒硝 30 克、枳壳 9 克、厚朴 12 克、槟榔 1.5 克、香附子 9 克、陈皮 6 克、续随子 9 克、青木香 3 克、牵牛子 12 克，水煎，1 次灌服。对种羊若推断药物治疗效果较差，宜迅速进行瘤胃切开抢救
急性瘤胃臌气	急性瘤胃臌气(气胀)，是羊胃内饲料发酵，迅速产生大量气体而致疾病。多发生于春末夏初放牧的羊群。羊吃了大量易发酵、嫩的紫花苜蓿或采食霜冻饲料、酒糟、霉败变质的饲料后，易发此病	(1)胃管放气，插入胃导管放气，缓解腹压。(2)用 5%碳酸氢钠溶液 1 500 毫升洗胃，以排出气体及胃内容物。(3)用石蜡油 100 毫升、鱼石脂 2 克、酒精 10 毫升，加水适量，一次灌服；或用氧化镁 30 克，加水 300 毫升，或用 8%氢氧化镁混悬液 100 毫升，灌服。中药可用莱菔子 30 克、芒硝 20 克、滑石 100 克，煎水，另加清油 30 毫升，一次灌服

续表 7-5

名称	症状	防治
瘤胃酸中毒	羊是以吃粗料为主的牲畜，吃精料虽然可以增膘，但只能作为辅助饲料，精粗比例失调，精料(玉米、蚕豆、豌豆、大麦、稻谷、麸皮等)喂量过多则会致羊瘤胃酸中毒。病羊行走时步态不稳，呼吸急促，气喘，心跳加快，从口内流出泡沫样含血液体，口渴，喜饮水，尿少或无尿，并伴有腹泻症状	(1)限精料，多喂品质优良青干粗饲料，对需补喂精料增膘或催奶母羊，在其日粮中补喂精料总量2%的碳酸氢钠。(2)静脉注射生理盐水或5%葡萄糖氯化钠注射液500～1 000毫升。(3)静脉注射5%碳酸氢钠注射液20～30毫升，以缓解酸中毒。(4)肌内注射抗生素类药物，如肌内注射青霉素G钠(钾)40万～80万单位，以防止羊继发感染。(5)羊表现兴奋甩头等症状时，可用20%甘露醇或25%山梨醇25～30毫升静脉滴注，使羊安静。(6)静脉注射10%葡萄糖酸钙注射液20～30毫升，以补充血钙浓度，加强心脏收缩，增强抵抗力
小叶性肺炎及肺炎脓肿	小叶性肺炎是支气管与肺小叶或肺小叶群同时发生炎症。临床特征为，病羊呼吸困难，呈现弛张热；叩诊胸部有局灶性浊音区；听诊肺区有捻发音，肺脓肿常由小叶性肺炎继发而来。羊受寒感冒，物理化学因素刺激，条件性病原菌如巴氏杆菌、链球菌、化脓放线菌病、葡萄球菌等感染，引起发病。可继发于放线菌病、羊子宫炎、乳房炎	(1)加强饲养管理，保持圈舍卫生，防止吸入灰尘。勿使羊受寒感冒，杜绝传染病感染。在插胃管时，防止误插入气管中。(2)消炎止咳：用10%磺胺嘧啶钠注射液20毫升，或用抗生素(青霉素、链霉素)肌内注射；氯化铵1～5克、酒石酸锑钾0.4克、杏仁水2毫升，加水混合灌服。亦可用青霉素40万～80万单位、0.5%普鲁卡因2～3毫升，气管注入。(3)解热强心：用复方氨基比林或水杨酸钠2～5克，口服；10%樟脑水2毫升，肌内注射

23. 肉羊几种常见寄生虫病的防治方法是什么？

肉羊几种常见寄生虫病可归纳成表 7-6。

表 7-6　肉羊几种常见寄生虫病的诊断与治疗

序　号	1	2	3	4
病　名	绦虫病	肝片吸虫病	山羊腭虱	山羊毛虱
寄生宿主及部位	羊，特别是羔羊。寄生于小肠	肝脏、胆管中	羊皮肤	体表
病原体	莫尼茨绦虫、曲子宫绦虫、无卵黄腺绦虫	肝片形吸虫、大片形吸虫	山羊腭虱	山羊毛虱
生活史	成虫寄生于羊小肠，中间宿主为地螨。经过从成虫一孕节一卵一囊尾蚴一成虫的生活史	成虫寄生于羊的肝脏、胆管，中间宿主为椎实螺。经过从成虫一卵一毛蚴一成虫的生活史	卵一若虫一成虫全部在宿主体表完成生活史	卵一若虫一成虫全部在宿主体表完成生活史
流行特点	全球分布，与地螨存在密不可分，高温、阴暗地易发	夏、秋两季，低洼和沼泽地带易感。与椎实螺的存在有关系	秋、冬季节，被毛增长，虱病较为严重，夏季较少，以接触感染为主	秋、冬季节较为严重，夏季较少

续表 7-6

序号	1	2	3	4
症状及病理	无显著特异性症状,寄生处有卡他性炎、肠壁臌气、套叠等	体温升高,精神沉郁,腹胀腹泻,出现贫血,消瘦等。肝损伤、肝肿大,肝包膜上有纤维素粘合等	腭虱终生不离开宿主,若虫和成虫都以吸食血液为主,虱在吸血时分泌毒素,引起皮肤癣,羊不安,影响采食和休息	以啃食毛和皮屑为主,引起皮肤发痒,使宿主不安
诊　断	检查粪便孕节或诊断性驱虫	临床症状、流行病学材料、粪便检查、剖检综合诊断	检查虱和虱卵确诊	检查虱和虱卵确诊
治　疗	1. 氯硝柳氨 100 毫升/千克体重口服。2. 硫双二氯酚 75～100 毫克/千克体重,包在菜叶中口服	1. 硝氯酚 4～5 毫克/千克体重,口服。2. 硫双二氯酚 75～100 毫克/千克体重. 3. 硫溴酚 30～40 毫克/千克体重,口服	敌百虫:0.5%～0.1%敌百虫水溶液,进行喷洒或药浴,效果良好	敌百虫 0.5% ～ 0.1%敌百虫水溶液,进行喷洒或药浴,效果良好
预　防	1. 定期驱虫:羔羊从第一天放牧起驱虫1次,间隔 10～15 天进行第二次驱虫。2. 轮牧,改良草场。3. 消除中间宿主——地螨	1. 驱虫:每年 2 次,初春 1 次,秋末 1 次。2. 消灭中间宿主椎实螺。3. 注意动物饮水和饲草卫生	加强饲养管理,保持清洁卫生,加强检疫	加强饲养管理,保持清洁卫生,加强检疫

24. 羊场疫病净化措施有哪些？

(1)及时确诊 当养羊场发现传染病或疑似传染病时，必须立即报告。当地畜禽防检机构或乡镇畜牧兽医站要及时组织人员进行诊断，提出防治办法，并按规定及时逐级上报。

(2)追查疫源 发现法规规定的传染病时，要查明和追查疫源。既要追查疫源是如何来的，又要追查疫源的去向。同时，找出导致发病的因素，并采取紧急扑灭措施。

(3)摸清分布 养羊场的易感动物都必须进行详细检查，摸清疫情的畜群分布、地区分布、时间分布。

(4)尽快控制 养羊场及当地畜禽防疫部门应根据疫情处理要求，及时提出净化检疫方案，经有关部门批准实施。净化方案要明确目的、目标、方法、标准，做好净化的人力、物力、技术、经费等方面的准备工作，合理分工，尽可能快地按净化方案实施。

25. 羊场粪污处理的原则是什么？

第一，考虑处理的目的是作为农田肥料的原料。

第二，考虑劳动力资源，处理成本，不要一味追求全部机械化。

第三，羊场粪污怎么处理及处理方法。

第四，羊场的位置。肉羊场所处的地理与气候条件，严寒地区的堆粪时间长，场地要较大。

参考文献

［1］ 张英杰，等.肉羊高效饲养与疫病监控［M］.北京：中国农业大学出版社，2003.

［2］ 周占琴.农区科学养羊技术问答［M］.北京：金盾出版社，2013.

［3］ 周占琴.肉羊［M］.西安：陕西出版传媒集团.三秦出版社，2014.

［4］ 曹斌云，等.波尔山羊高效繁育与饲养［M］.郑州：中原农民出版社，2000.

［5］ 陕西省畜牧技术推广总站.肉羊无公害标准化养殖技术［M］.西安：陕西出版传媒集团.三秦出版社，2014.

［6］ 付殿国，等.肉羊养殖主推技术［M］.北京：中国农业科学技术出版社，2003.

［7］ 王惠生，等.关中奶山羊科学饲养技术［M］.北京：金盾出版社，2003.

［8］ 中央农业广播学校.动物生产基础［M］.北京：中国农业大学出版社，2002.

［9］ 中央农业广播学校.动物生产基础［M］.北京：中国农业大学出版社，2003.

［10］ 陕西省畜牧业协会，陕西省畜牧技术推广总站.陕西现代肉羊产业发展论文集.陕西，2014.

［11］ 农业部，财政部.肉牛肉羊优势区域发展规划（2003—2020）.

[12] 董建平.紫花苜蓿种植技术要点[J].农技服务,2008.

[13] 董建平.家庭牧场的养殖技术要点[J].中国畜禽种业.2014.